国家自然科学基金资助项目（项目批准号：52008324）
"人口—空间"双更替驱动下西安老旧社区公共空间多义性设计响应研究

"人口—空间"双更替的
西安老城社区公共空间设计模式

Research on the Design Pattern of Public Space
in Xi'an Old City Community by
"Population-Space" Dual Replacement

周志菲　著

U0157541

中国建筑工业出版社

图书在版编目（CIP）数据

"人口—空间"双更替的西安老城社区公共空间设计
模式 = Research on the Design Pattern of Public
Space in Xi'an Old City Community by "Population -
Space" Dual Replacement / 周志菲著. — 北京：中
国建筑工业出版社，2023.5
　　ISBN 978-7-112-28511-2

Ⅰ.①人… Ⅱ.①周… Ⅲ.①社区—城市空间—公共
空间—空间规划—研究—西安 Ⅳ.①TU984.11

中国国家版本馆CIP数据核字（2023）第050119号

责任编辑：姚丹宁
书籍设计：锋尚设计
责任校对：张辰双

"人口—空间"双更替的西安老城社区公共空间设计模式
Research on the Design Pattern of Public Space
in Xi'an Old City Community by "Population–Space" Dual Replacement
周志菲　著

＊

中国建筑工业出版社出版、发行（北京海淀三里河路9号）
各地新华书店、建筑书店经销
北京锋尚制版有限公司制版
天津翔远印刷有限公司印刷

＊

开本：787毫米×1092毫米　1/16　印张：16¼　字数：335千字
2023年9月第一版　　2023年9月第一次印刷
定价：**72.00**元
ISBN 978-7-112-28511-2
（40837）

前　言

　　社区公共空间作为最基础、最日常的活动单元载体，在城市人居关系建构中发挥着重要作用，是国家城市修补战略的重要环节，其发展中的经验与问题也更能反映中国城市更新的现实情况和重大需求。面对当下老城社区普遍存在的"人口—空间"双更替驱动下的转型诉求，公共空间的创新优化无疑成为推动旧城更新的关键。

　　西安老城经较长时间跨度，随着国家政策、管理手段和建造技术的推进，一方面，社区人口的构成结构、生活条件和交往途径变得愈加灵活多样，生活群体从过往的熟人社会转向生人社会，呈现出内向封闭和流动疏离的两极化发展，社会关系组织愈加复杂化、异质化；另一方面，老城社区依托于传统街巷就地建设和零散地块开发集聚而成，形成了传统街坊、单位大院、返迁安置、商品开发等多类型社区，相应的社区公共空间也体现出日常、混杂和拼贴的特征。目前，在老城更新速度加快、空间资源竞争激烈的现实背景下，社区公共空间"人口"与"空间"的非关联性、非适应性问题日渐凸显，体现在社区公共空间关系网络脱域、使用时空失衡和系统层级断裂等方面，严重影响其公共属性和效能发挥。因此，本书以兼顾人居多元需求和空间场所营造为目标，对西安老城社区公共空间的主体行为样态和空间物质表征进行相关性分析，采用活动测度、机器训练、偏好模拟等方法建构出"人口—空间"的适配性系统，提出多义性设计模式和优化策略，实现从宏观到微观层面上多义性公共空间的分析、预判和识别。

　　首先，通过剖析社区、公共空间、社区公共空间的概念内涵和理论演进，探讨社会关系变迁和物质空间更新所引起社区公共空间转型的双向逻辑关联，指出社区公共空间对社会网络融合、公共意识建立以及运营体系培育的潜在影响和物质反馈，并提出建构社区公共空间多义性设计模式是应对多元价值提升、改造全周期覆盖和系统网络构建的有效手段。其次，采取"人口"和"空间"的双线路径对西安老城社区公共空间进行现状研究。利用选取的12个典型样本检验其"人口—空间"的相关性程度，提出人口年龄、使用频率和使用时段三个要素对社区居民的满意度影响较大，进一步通过人工神经网络和朴素贝叶斯实验对公共空间使用方式和偏好情况进行训练预测，揭示居民在不同时间段内的活动方式、分布特点等规律，并挖掘出公共空间满意度关联性优化指标。再次，深入探讨社区公共空间在主体性、城市性、时空性上的多义性发展趋势，构建出老城社区多义性公共空间的预判方法，并从"外部环境友好""多元功能混合拓展""四维空间弹性适配"三个层面上提出西安老城社区多义性公共空间的识别标准。最后，从功能组织、空间共构、形态弹性、时空推演等四个方面提出具有"共性"的社区公共空间多义性设计模式，运用"类型模式+优化策略+样本示意"的导控方式在西安老城社区公共空间中落地化。

本书创新社区公共空间多义性理论体系和设计模式，通过探索社区公共空间多义性设计模式的实践路径，促进城市社区和公共空间相关理论的建设与完善，解决不同类型社区公共空间人居诉求、不同设计任务和技术路径操作的对接问题，实现多义性理论的科学转化和现实转化，最终为建设实践应用提供技术支持和典型示范，具有较强的理论和现实指导意义。

目　录

前　言

第 1 章　绪论

1.1　研究意义 2
　　1.1.1　研究背景 2
　　1.1.2　研究目的和意义 4

1.2　研究对象 5
　　1.2.1　相关概念界定 5
　　1.2.2　研究对象界定 7

1.3　国内外研究现状 8
　　1.3.1　国外研究现状 8
　　1.3.2　国内研究现状 9

1.4　研究内容与目标 11
　　1.4.1　研究内容 11
　　1.4.2　研究目标 12

1.5　研究创新点 12

1.6　技术路线 13

第 2 章　社区公共空间相关理论研究

2.1　从地域到关系的社区理论发展 16
　　2.1.1　社区的概念及其理论 16
　　2.1.2　我国社区在旧城更新过程中所面对的问题 20

2.2 "人口—空间"双更替驱动的社区公共空间转型 23

　　2.2.1 从行为主体的公共性到空间交往的日常性 23

　　2.2.2 从宏观到微观视角的空间转向和社会关系调整 26

　　2.2.3 从"人口"与"空间"的关系探究公共空间的本质 28

　　2.2.4 社区公共空间转型与"人口—空间"双更替的逻辑关联 30

2.3 "人口—空间"双更替下社区公共空间的适应性设计 35

　　2.3.1 社区公共空间改造中的问题反思 35

　　2.3.2 多义性设计是对社区公共空间从理论到实践的提升 37

2.4 本章小结 38

第 3 章　社区人口社会关系及日常活动特征

3.1 西安老城社区人口更替现状 42

　　3.1.1 历代西安人口演进 42

　　3.1.2 老城社区人口规模和密度 44

　　3.1.3 老城社区人口结构 49

　　3.1.4 老城社区人口更替特征 52

3.2 西安老城社区人口社会关系构成 53

　　3.2.1 主体生活方式 53

　　3.2.2 群体作用机制 57

　　3.2.3 社会关系组织 60

　　3.2.4 西安老城社会关系转变特征 62

3.3 西安老城社区人口日常活动测度 62

　　3.3.1 活动频率 63

　　3.3.2 活动距离 65

　　3.3.3 活动时段 67

　　3.3.4 活动替代 68

3.4 社区人口日常活动特征 69

3.5 本章小结 70

第4章 发展历程及现状特征

4.1 西安老城社区公共空间发展历程 72

4.1.1 新中国成立前社区公共空间的演进 72

4.1.2 1949–1979 年社区公共空间的演进 77

4.1.3 1980–2000 年社区公共空间的演进 78

4.1.4 2001 年至今社区公共空间的演进 80

4.1.5 西安老城社区公共空间的历史演变特征总结 82

4.2 西安老城社区公共空间形式划分 85

4.2.1 传统街坊形式下的公共空间 85

4.2.2 单位大院形式下的公共空间 86

4.2.3 安置返迁形式下的公共空间 88

4.2.4 商品形式下的公共空间 89

4.3 西安老城社区公共空间更替现状 91

4.3.1 社区公共空间现状 91

4.3.2 社区公共空间系统分析 106

4.3.3 社区公共空间更替特征总结 121

4.4 本章小结 122

第5章 "人口—空间"相关性分析

5.1 西安老城社区公共空间"人口—空间"现状问题 124

5.1.1 社区公共空间关系网络脱域 125

5.1.2 社区公共空间使用时空失衡 126

5.1.3 社区公共空间系统层级断裂 128

5.2 基于满意度训练的社区公共空间"人口—空间"相关性分析 130

5.2.1 人工神经网络理论下"人口—空间"相关性方法构建 131

5.2.2 "人口—空间"满意度评价现状 133

5.2.3 "人口—空间"满意度相关性分析与预测 138

5.2.4 社区公共空间使用偏好模拟 148

5.3 西安老城社区公共空间"人口—空间"相关性设计指标挖掘......152

　　5.3.1 "人口—空间"对社区公共空间的驱动机制......152

　　5.3.2 "人口—空间"相关性设计指标落位 153

5.4 本章小结 154

第6章 "人口—空间"预判与识别

6.1 社区公共空间发展趋势......156

　　6.1.1 从物到人：主体需求多义性......156

　　6.1.2 从城市到城市性：功能组织多义性......161

　　6.1.3 从形态到时态：空间适配多义性......164

6.2 西安老城社区公共空间多义性预判......167

　　6.2.1 社区公共空间多义性影响要素分析......167

　　6.2.2 社区公共空间多义性预判......172

6.3 社区多义性公共空间识别标准构建......175

6.4 本章小结......178

第7章 多义性设计导控

7.1 总体导控......180

7.2 功能组织的多义性优化......182

　　7.2.1 完善功能构成......182

　　7.2.2 引导构链路径......186

　　7.2.3 拓扑衍生功能......189

7.3 空间共构的多义性优化......197

　　7.3.1 整合层级结构......197

　　7.3.2 选择多向兼容......203

　　7.3.3 强化空间复合......208

7.4 形态弹性的多义性优化 ·························· 212

    7.4.1 采用中立标准 ·························· 212

    7.4.2 促进边界渗透 ·························· 216

    7.4.3 盘活闲置用地 ·························· 221

7.5 时空推演的多义性优化 ·························· 225

    7.5.1 增强全时使用 ·························· 225

    7.5.2 规划发展时序 ·························· 230

    7.5.3 循环生态利用 ·························· 235

7.6 本章小结 ·························· 239

参考文献 ·························· 241

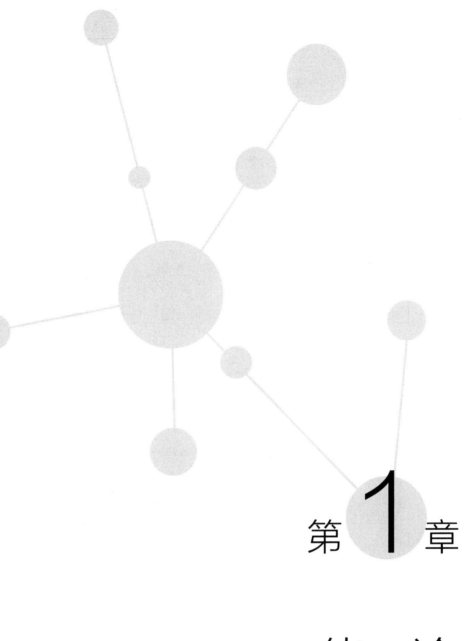

第1章

绪　论

随着国家迈入以生态文明建设为导向的新型城镇化时代，我国城市发展由外拓增量扩张转向内生存量优化。社区作为城市更新的基础单元载体，在人居关系建构中发挥着重要作用。随着老城存量更新的不断推进，一方面，社区的人居主体构成和社会关系网络发生显著改变；另一方面，与之相关的配套产业业态、空间功能和层级结构等也在发生持续而多样的变化。因此，面对老城社区"人口—空间"双更替驱动下的现实诉求，公共空间的创新优化设计无疑成了推动城市转型的关键。

1.1 研究意义

1.1.1 研究背景

1. 社区治理动因：体制转型与市民社会的崛起

改革开放以后，中国城镇化建设成就瞩目。2015年随着中央城市工作会议的召开，我国城市建设方针正式进入了"从增量到存量"的转型发展时代[1]。2016年，中共中央、国务院颁布的《中共中央国务院关于进一步加强城市规划建设管理工作的若干意见》中明确要求要"有序实施城市修补和有机更新，解决老城区环境品质下降、空间秩序混乱等问题"[2]。社区改造作为城市"双修"工作的组成部分，呈现全面推进状态。其中，公共空间更是社区改造中的重要抓手。当前，随着经济社会体制的转型和基层民主建设的开展，社区人口的社会组织关系已出现结构性嬗变，再加之市民意识的觉醒，居民对物质文化的需求日益提高，并呈现多元化发展趋势。但与此同时，城市化进程也带来了频繁的人口流动，导致社区的异质性进一步加深，"人口"与"空间"的非关联性、非适应性问题日渐凸显。与之对应的社区公共空间也呈现出异化现象严重，主要体现在公共空间关系网络脱域、使用时空失衡、系统层级断裂等方面，严重影响到其公共属性和效能发挥，一味追求单纯物质空间提高之路已无法适应当前社会需求。在建筑学领域内，社区改造设计也开始由物质形态设计向综合治理提质转型，倡导不同利益主体以"上下结合"的方式参与到社区规划建设之中，社区公共空间更应该成为社会空间和空间结构双重转型的物质表现。因此，应充分发挥社区公共空间的"介质"作用，促进公共意识培育和社会网络融合，这也是构建和谐社会的一个重要命题。

2．规划转型诉求：刚性供给与弹性发展的平衡

对于老城来说，社区公共空间经历了几十年的发展演进，大部分空间已经变得破败和陈旧，环境质量普遍不佳。加之近些年社区内"新移民"流入人口的急剧增多，原有社区公共空间容量紧张，功能也有待拓展。老城社区大都位于城市中心区，随着土地价值的上升和使用需求的拓展，居民都希望通过获得更高标准的住所和环境优越的活动空间。另外，由于城市政策和总体规划的调整，老城整体定位和区域结构出现置换和重组，社区公共空间亟需注入新的模式来进行从功能到结构的"活化"和"升级"，对社区公共空间改造也提出了更高的要求。当前，为了满足以上的需求和生产更多的经济效益，社区公共空间的改造已经开始由过去单纯追求物质环境的改善转向弹性平衡改造过程中的各种因素和问题，例如新旧空间的发展联动、产业功能和空间形态的匹配、经济发展和环境保护的取舍等。在实施中，老城社区公共空间改造的资本来源转变为全社会共同筹资，调控规则也相应转向政府间接引导和监督，居民等以公共参与的方式实现对改造方案的协调优化，促成多方渠道的筹资体系和民主决策的管理手段。近些年在改造过程中，频繁引发的利益最大化、大规模推倒重建、绅士化等问题、事件的出现，都会使学者及设计师们对其公共空间的优化效能和利益权衡进行深入思考，特别是对能否形成社区公共活动系统和促进社区社会网络发展进行重新考量，深入探讨改造中出现这些问题背后的原因机制。

3．物象协同趋势：地方营造与空间生产的平衡

社区主体是在社会关系组织下建立地方归属感和认同感的人群组成，具有典型的小世界特征。其日常活动兼具自发与无序性，根植于与个人直接相关的公共环境。社区公共空间正是容纳这些以利益、兴趣、情感为基础的人际交往与公共活动的载体，在过程中被赋予公共意识和共同价值，实现对公共空间的意义反馈。地方营造正是体现出对公共场所的在地性重塑，通过深入挖掘地方历史脉络与集体记忆，达成社会空间与物质空间的链接，提升居民们的使用认同和情感关联。因此，只有以人文关怀和空间正义为价值导向，吸纳多元人群参与空间治理，将日常生活图景内嵌于社区公共空间改造中，才能保持社区地方感和历史文脉的稳定和延续。同时，公共空间的物质环境设计也需要具备经验与实用性，强调用地的集约使用与场所的活力互动，并鼓励容差和弹性冗余。因此，社区公共空间应需要对物理环境和社会关系进行双重地方营造，通过加强机制过程中的精细化设计、行动化管理和人性化服务，实现空间生产与地方治理的适应性发展，建构出了一种社区公共空间优化设计新模式。

1.1.2 研究目的和意义

面对公共空间的核心价值和开发建设中存在的实际问题，社区公共空间操作应是在满足"人口—空间"双更替要求下体现出的混合利用和弹性适应——本文称之为多义性的关键所在。研究希冀创新社区多义性公共空间的理论体系和公共空间多义性优化设计的系统模式，充分考虑到公共空间的弹性和未来建设开发的不确定性，建构保障多元公共利益和空间使用效率的双向适应机制，科学确定社区公共空间更新技术路径。

西安作为十三朝古都，社区发展历史悠久、类型多样：隋唐长安城的"里坊"整齐划一，宋朝形成了住宅与商铺交错杂处的新型"坊巷"，至明清时期民居体系由街巷和合院建筑群构成；半封建半殖民时期家族居住转向社会散居，经较长时间跨度，在市场经济和住宅商品化推行之后的30多年来，西安老城社区形成了街坊社区、单位大院、商品房、拆迁安置区等多种样态的聚居形式。当前，为了改善西安老城居住环境，提升古城整体风貌，西安市政府先后组织了一系列的拆迁安置和棚户区改造行动，老城更新速度和力度空前，空间转型需求迫切。因此，面对西安老城社区规模庞大、构成复杂、"人口—空间"剧烈更替的现实状况，公共空间的存量更新问题尤为突出，其研究更具现实意义。

因此，本课题将研究区域聚焦于西安老城（西安一环内所覆盖区域）这一社区公共空间矛盾最为典型、最为普遍的区域作为课题研究的地域指向，以兼顾多元人居需求和空间使用效率为目标，探寻既有社区使用主体和公共空间的发展历程、特征及现存问题，对社区公共空间主体行为样态和空间物质表征的相关性进行分析，建构"人口—空间"双适应的社区公共空间多义性优化设计的系统模式，提出具有普适性、可操作性的社区公共空间优化实施策略。

从理论研究上看，本研究顺应动态更替的人本化研究需求，深度剖析公共空间的发展机制，创新社区公共空间多义性的理论体系，实现跨学科的理论融汇和方法对接，促进城市社区和公共空间相关理论的建设与完善，具有重要的理论价值和学术意义。

从实践应用上来看，本研究所探讨的社区公共空间更新是涉及新型城镇化、空间正义与效率的重大课题，对其认识和理念都亟待更新，在真实考察社区公共空间的社会关系构成和物质空间特征的基础上，对存在的人居失配矛盾和现实问题进行深究，并提出解决路径。通过建构开放性的公共空间多义性优化设计模式，从设计营造层面提供地方性建设性策略，有效达成空间多样性和社会多元性的提升和优化，最大限度发挥其应用价值，能够对未来同类型社区公共空间建设提供参考借鉴，具有较强的实践意义。

1.2 研究对象

1.2.1 相关概念界定

1. 社区公共空间

广义的社区公共空间是指城市社区内存在的开放空间体，其作为公共场所存在的目的就是为广大社区成员服务。狭义的社区公共空间指城市社区范围内具有一定规模的室外聚集性开放空间，如社区广场、绿地、街道、市场等。本文研究对象即为狭义概念所指。

社区公共空间拥有双重意义，既是地域范围意义上的实体空间，又涵盖城市与居民之间的物化联系，即为社会学意义上的"公共领域"，是物质和社会空间的结合体。社区公共空间相对于城市空间而言是较为贴近日常生活的公共区域，常常会受到社区内成员间长此以往形成的区域性和社群性的行为准则、内部规范、文化信仰等影响，自然而然就成为承载这种日常意识形态的外在物质化载体。由于社区公共空间涉及的内容不如城市公共空间那么宽泛，因此，社区公共空间在功能构成和形态组织等方面都不像城市公共空间那样复杂，但是由于在社区公共空间中的日常活动更为频繁，人们习惯在自身熟悉和易控制的区域进行活动，反而使得社区公共空间成为公共空间中活力和效率最高的公共空间类型之一。

2. "人口—空间"

社区是一个以物质空间为载体，社会、经济、文化相互影响的社会—空间统一体，有着完整的自身结构系统，可以看作是社会结构和空间结构按照一定的秩序所构成的相互稳定的网络。因此，本文中叙述的"人口—空间"实质是指代社区地域范围内居民日常生活行为和功能空间组织系统的整合关系，兼具物质和社会的双重特征。其中，"人口"体现了社区成员之间的社会关系，是由人口结构、生活方式、公共活动所形成的社会关系网络，也是社区内在活动的运行机制系统；"空间"为居民提供各种功能活动的自然或人工的物质要素，以及各个要素组织起来构成的系统结构，是社区演变发展的外在表征。

3. 多义性及社区公共空间多义性

"多义性"在赫兹伯格的《建筑学教程1：设计原理》中以"Polyvalence"这个词被首次提出[3]，"很多物件和形式几乎都只有一个单一的目的——通常是科技产品，而它们必然功能简单，它们必须恰如其分地完成自己的工作，不多也不少。但是对于大多数物件和形式，除了它们被设计所赋予的，并且因此被命名的单一功能外，还具有附加的价值和潜力，因而功效很大。这一较大的功效，被称之为'多价性'（多义性）"[4]。

从"多义性"字面上的意思来说，是指赋予一个事物多重的意义，如果将其延伸到空间含义中，即"空间多义性"——在设计过程中，应采取某些特定的手法和措施，使得空间对于功能、形态、时间等方面的兼容性大大增强，从而具有多种意义，形成具有多义性特征的空间。空间多义性应当支持同一空间中多种功能的共时共存，也鼓励同一空间中不同功能在相应时间内历时连续，通过这种对空间延伸的多种使用方式，可以进一步激发出空间的潜在能力，也为一系列偶然的、创造性的事件提供了发生的容器，给空间设计带来无限的趣味与探索的动力。

因此，社区公共空间应当具有多义性内涵：

首先，作为一种区域性的公共生活载体，能够将多种具有集聚性质日常活动加以系统的关联和组织，全方位反映并影响人们的生活。在功能主义影响下，社区中涌现了越来越多的"失落空间"（Lost space）。这些"令人不愉快的、需要重新设计的反传统的城市空间"使社区丧失了"集聚意义"[5]。纵观国内外这些积极的社区公共空间都具有类似的特点：舒适自然的环境、良好通透的视觉效果、完善便捷的公共设施等物质要素，共同构成具有集聚意义的社区公共空间。

其次，具备为日常生活和社会生活提供丰富物质空间场所的特征属性。中国传统社区内常具有非常多样复杂的邻里关系，充满了各种丰富热闹的日常生活，体现了社区公共空间的多元性和复合性。居民的交流交往活动和一些非正规行为，常常以日常实用为出发点，创新建成空间的多重使用方式，将消极空间转化为趣味性的、丰富的空间场所。因此，社区公共空间优化中要考虑的不仅是物质空间要素之间的关系，更重要的是要研究人和人之间的社会关系，以及人与公共空间的适应关系。通过调查社区公共空间使用者的信息背景，根据使用者的使用需求、行为模式、心理指向等对空间进行再组织设计，实现社区公共空间的"人化"过程。

最后，实现功能、形态、时空的秩序化和系统化，同时又能与场地里自然生态、历史文脉、社会经济等多重要素协同促进、包容共生。随着社区长期的粗放型建设，公共空间虽满足技术指标方面的要求，但系统性组织普遍较弱，破碎化严重。作为一种生活载体，社区公共空间的重塑需要协同传统城市结构，挖掘场地历史文脉进行原真性的保护，进行附属空间和碎片空间的再利用，使空间呈现出多维立体形态，并且是动态变化的，同时又具文化、绿色、技术等多重特征，提升公共空间的利用率和网络化，达成一种有效的空间整合手段。

1.2.2 研究对象界定

西安老城（西安一环内）范围以西安明清城墙为界（图1.1），总占地面积约为11km²，现状居住人口约34万人，隶属于西安的三个行政区：莲湖区、碑林区和新城区。

本文选取西安老城区用地范围内7个街道办，73个社区为研究对象进行数据提取和分析，并抽取其中12个典型社区公共空间作为研究样本，进行详细的模型搭建和实践检验。在抽取中，为了便于深入研究其属性和构成，要求样本标准定为面积≥1000m²、核心功能单元≥3种的基础上，抽取规则如下：

（1）类型选取具有典型性。在老城内代表性社区（传统街坊社区、单位社区、商品房社区）中选取不同公共空间类型作为研究对象；

（2）生活圈辐射范围适当。依据西安老城不同类型社区公共空间的建设情况，选取由所在社区步行到达15分钟内的公共空间为研究范围；

（3）空间存在更替状态。选取社区公共空间在老城的更新发展中，呈现与人口的关联性而导致的新建、改造、拆除等建设方式作为研究状态；

（4）周边环境相对稳定。周边环境的较大变动会对公共空间使用人群的日常活动出行产生较大干扰，因而研究选择了建成时间超过五年的社区作为研究场景。

因此，结合上述梳理的西安老城典型社区公共空间样本的筛选原则，本文进一步以其承载主体功能的场所形式来对社区公共空间进行分类，将其划分为广场型、绿地型和街市型。

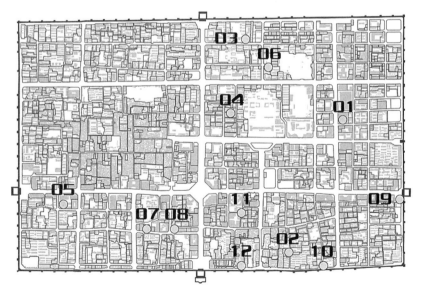

图1.1 研究范围和研究对象

1.3 国内外研究现状

1.3.1 国外研究现状

在西方，社区公共空间多义性研究的关注点经历了物质空间形态—人本主义—多元发展这一过程，研究认为：人本是空间的生成之核，空间是人本的表现形式[6]；在公共空间的发展过程中，人和空间是在动态变化着的；而多元化，则是保证公共空间有机、健康、可持续发展的重要因素。研究大致可分为三个时期[7]：

1．偏重空间形态研究阶段

这个时期公共空间的理论和实践探索多是伴随着人们对城市的认识逐步发展起来的，"田园城市"（E. Howard，1898）、"明日城市"（Le Corbusier，1922）、"邻里单位"（C. Perry，1922）等代表性理论及东京、纽约、丹麦等地的改造实践（Roman Cybriwsky，1934；Caroline Fusco，1942；Jolanda Maas，1947），表明公—私空间分布、卫生环境和身心健康对社区公共空间具有重要影响，社区公共空间的数量、规模以及设施类型的多元化可以成为有效提高社区公共空间物质空间质量的重要影响要素[8]。

2．偏重人本主义研究阶段

20世纪中期，欧洲第二代现代主义学者开始试图解析城市空间构成原则和建筑形态塑造方法，倡导公共空间的建设必须以城市中人的行为和基本需求为首要条件（Team X，1954）。此后，大量学者从人本角度开始探讨城市结构以及广场、街道等公共空间的边界活力、渗透性和过渡区域等问题（K. Lynch，1959；Jane Jacobs，1961；C. Alexander，1979），其中Norberg Schulz在其发表的《场所精神：迈向建筑现象学》（1979）中认为，建筑和城市设计应当关注日常的"生活世界"[9]。

3．多元发展阶段

20世纪90年代，社区公共空间的研究呈现出多向度发展趋势。随着《新城市主义宪章》（1996）、《欧洲城市主义宪章》（2003）的相继通过，新城市主义运动进入了成熟期。随后发展的TND模式（Andres Duany等，1992）、TOD模式（Peter Calthorpe等，1993）和Smart Growth模式目标都是指向社区的土地混合利用和多元化发展。这一阶段社区公共空间研究的角度更多元化[10]，并且更加具体、细化到社区公共空间的演变、尺度和设计模式等[11-12]，强调了公共空间对市民日常生活的重要性，公共空间不仅是单纯的物质空间，更是集文化、社会、经济和政治于一体的多元多义空间。发展至后期，大量学者从不同视角都开始涉及公共空间多义性的研究方法上，主要集中在用地混合测度、空间形态量化、建成环境评价三个方面[13-14]，进一步拓展了公共空间从区域、街区到社区层面的科学研究体系[15]，也为本研究的开展起到了较强的借鉴作用。

1.3.2 国内研究现状

国内关于社区公共空间的研究起步较晚，在20世纪90年代国家住宅商品化之后才逐渐加大对社区公共空间的关注，没有像国外那样呈现出时代渐进性的特点，但学科涵盖十分宽泛，涉及城乡规划、建筑学、经济学、社区学、地理学等多门学科，具有典型的交叉研究特点。通过主题检索发现社区公共空间的研究大都是架构在城市公共空间的大领域内的，相关研究对象或类似概念的关键词如"公共空间、社区、城市更新、公共生活"等发文频率都较高，关于"设计策略、更新模式"的研究也有一定数量，公共空间应具有"多义性""复合性""共享性"等相似观念陆续被提出。研究发现，近年来在"人口—空间"双更替的影响下，国内的社区公共空间多义性研究呈现两种趋势：

1. 社区公共空间功能和形态上的复合化

既有研究多以提高空间资源的利用效率为目的重新审视功能和空间的适应性关系，多从以下几个视角展开研究：

其一，土地混合视角下，已有研究尝试对场所功能的非变异性和变异性混合的两种内涵进行辨析[16]，阐释功能混合能实现公共利益的三种方式：增加地方税收并节省公共部门成本、公共交通运行、城市公共设施开发[17]，以及剖析土地利用的混合度与居民出行空间分布、日常交通出行碳排放量的影响机制和作用模型[18-19]，并提出用地混合使用的五个具体规划引导方向：优化分类、引入混合、界定成分、约束度量、划定区域[20]，并构建城市混合功能新区容积率控制的共享型、水平型和时间型有效模型和差异化策略[21]。

其二，空间布局视角下，研究开始转向审视公共空间与其他类型空间一体化组织模式[22-23]，探讨了"框架+留白"的三种设计思维：开放的空间结构、包容性的场所以及可变的设施[24]，完善了城市、场所、设施多维视角下城市公共空间弹性设计的方法，以及尝试对社区公共空间多元化使用的规划机制进行研究，提出公共空间建设标准的制定要求和具体措施，从总规、控规与修规等层面，对多元化使用的弥补效能估算进行研究[25]，并提出多元使用的应用估算模型。

其三，景观营造视角下，有学者论述了公共空间关联、功能整合、活力提升等方面的潜在价值[26]，利用景观都市主义理念进行了典型案例分析，从架构、折叠和编排三个视角分别提出了高密度环境下城市公共空间的应对措施，也有学者进一步结合老城现状问题从提升空间使用率、活化空间资源、转移空间权责三种方式落实了共享城市理念在公共空间中的实现途径。[27]

2．社区公共空间与多元人居模式的契合化

既有研究涵盖面相对较广，理论综合性、学科交互性较强，研究包括：

其一，面向不同人群的人居空间组织模式研究。如流动群体"自组织"社会空间绩效评价和人居范式的重构[28]，老年群体回归社区、代际融合与功能复合的"原居安老"模式[29]，和以年轻社群的聚集为引擎，通过中介者的参与式介入，拓展社群关系与社会网络[30]，探索"社群导向"下传统社区的创新模式，以及从社区边界、公共交通、功能业态、住宅类型和设施布局等方向提出的面向低收入群体的"磁性社区"等方法模式研究[31]。

其二，注重日常生活视域下社区公共空间和与居民出行、城市建成环境的关联研究。既有研究对日常公共空间的形成原因、过程、具体的时空特征及公共实践的意义进行梳理和总结[32]，建构以社会网络互动关系为线索的社区公共空间有效性评价框架，分别选取置换型、局部改造型和保护型三类公共空间作为有效性评价的典型实践[33]，并探讨社区公共空间的合理性规划布局[34-35]，进而有学者提出以社会凝聚力和邻里交往为导向的社区公共空间理论模型[36]。

其三，社区的多样化营造路径研究。研究剖析了当前社区公共空间更新面临的多重问题成因机制，从权力结构、更新模式和公共精神三方面入手[37]，提出了社区文化的引导参与、平衡利益、协作改造和功能嫁接设计等多途径的介入方式，讨论了公共空间设计引入的过程性特征和平台构建的应用设想[38]。研究表明，公共空间应尽可能提升社会共融的能力，形成多元需求与物质供给的良性循环。

从国内外研究动态可以看出，现有研究已经开始从人居关系入手来考量更新优化的设计响应，成果多应对于当下的"人口—空间"关联分析，对于社区公共空间优化设计的可实施性研究内容成果丰硕，对同类案例借鉴意义较大。其中在空间利用、形态布局层面的多义性设计方法研究成果较为丰富，如功能混合测度、形态组织量化和建成环境的评价方法对本研究具有较高参考价值。

面对当前老城社区人居主体变迁和空间多维发展的现实背景，社区公共空间的研究

内容和方法也应朝着动态适应性、时空完整性和科学前瞻性持续推进。因此，探索应对于"人口—空间"双更替驱动情境下西安老城社区公共空间多义性设计模式，显得极为迫切和必要，这也就构成了本文研究的动机。

本文将结合已有研究基础进一步探究公共空间转型的深层关联机制，拓展其在水平、竖向和时间四维空间中研究方法的应用，完善相关技术操作的科学性把控与多途径运作机制，建构起涵盖宏观规划布局到微观空间生产的社区公共空间多义性优化设计的系统框架，并对未来时态的空间偏好和系统性操作有所预判。同时，应明确设计结论的可依据性和科学性，合理实现对既有社区公共空间科学控制和全过程系统指导。

1.4 研究内容与目标

1.4.1 研究内容

1. 西安老城社区人口、公共空间的现状概况和特征属性

1）总结西安老城社区人口构成和社会关系演变趋势，选取使用主体的出行频率、出行地点及出行距离等作为测度指标与阈值划分，以综合性的指标呈现出社区居民日常出行活动特征规律；

2）梳理西安老城社区公共空间演变的发展历程，从功能规模、形态组织、边界形式、混合使用、时间利用等方面剖析西安老城社区公共空间的基本特征和活动属性。

2. 西安老城社区公共空间"人口—空间"相关性分析

1）对影响"人口—空间"更替的关键性人口属性数据、空间使用数据和空间量度数据进行中心化和标准化的预处理，验证社区公共空间的"人口—空间"相关性强弱程度；

2）利用人工神经网络和朴素贝叶斯训练实验对社区居民的满意度影响和偏好情况进行预测，并根据不同居民在不同时间段内的活动方式、分布特点进行空间优化设计指标落位。

3. 西安老城社区多义性公共空间识别标准构建

1）从主体需求、功能组织、空间适配三个层面出发探讨西安老城现状社区公共空

间的多义性发展趋势；构建老城社区多义性公共空间的预判方法，提出满意度影响因子和理想模型。

2）建立西安老城社区多义性公共空间识别标准，实现对社区公共空间多义性发展的系统组织。

4．西安老城社区公共空间多义性优化设计导控

从功能组织、空间共构、形态弹性、时空推演等四个方面提出老城社区公共空间多义性设计模式和优化实施策略。

1.4.2 研究目标

1．提出适用于西安老城社区公共空间发展的多义性设计理念，加深对复杂人居现象的认知，促进社区和公共空间相关理论的建设与完善；

2．构建西安老城社区公共空间"人口—空间"的动态适配系统，达成对社区多义性公共空间的分析、判读和识别，实现公共空间对多元群体互动、社区与城市协同的有效引导作用；

3．提出社区公共空间多义性设计模式和优化策略，实现对既有社区公共空间发展全过程的科学控制和系统更新，为西安及其他地区社区公共空间实践提供技术支持和典型示范。

1.5 研究创新点

1．通过对社区公共空间转型中深层关联机制的揭示，本书将研究视角从关注单一问题转向关注"人口—空间"双更替下公共空间如何动态平衡的复合视角。研究充分考虑社区公共空间更新的复杂性特征，摈弃将问题置于社会空间或物质空间单向体系内进行研究的方式，以兼顾多元人居需求和空间使用效率的复合研究视角为切入点，探索性地建构了社区公共空间"人口—空间"动态适配系统，创新社区公共空间"多义性"理论范式和发展路径，达成"多义性"公共空间对"人口—空间"互动性、混合性和开放性的效应反馈，实现理论、方法和路径的共享对接。

2. 通过对社区公共空间"人口—空间"相关性的实证分析和动态模拟，论文在研究方法上实现了从"三维"空间组织向"四维"时空迭代的拓展。研究利用人工神经网络和朴素贝叶斯实验对西安老城社区公共空间使用主体的行为样态、活动类型等信息进行机器训练与偏好模拟，强调主体和空间、时间上的动态对应，进一步从时空完整性上对影响西安老城社区公共空间的"多维空间丰富程度""时空混合利用程度""外部边界影响程度"进行量化测度，创新性地提出了"多元功能混合拓展""四维空间弹性适配""外部环境互动友好"的多义性公共空间识别标准，实现了涵盖宏观规划布局到微观空间生产的多义性公共空间的分析、预判和识别。

3. 通过对社区公共空间量化测度与发展趋势的多重探索，论文提炼出了从"共性模式"到"本土路径"再到"地域策略"的多义性设计模式导控体系。研究从功能组织、空间共构、形态弹性、时空推演四个方面建构起了"共性"多义性设计模式，并运用"类型模式+优化策略+样本示意"的实施路径在西安老城社区公共空间中落地化。这种拓扑性强、融合度高、包容面广的设计模式强调了对更新功能上的诱发、更新形态上的拓展以及更新时序上的渐进，并在一定程度上弥补了目前改造中常忽略冗余留白和弹性发展的问题，合理实现对社区公共空间设计的科学控制和全过程系统指导。

1.6 技术路线

本研究首先在理论平台构建的基础上，采取"人口"更替和"空间"更替的双线路径开展分析研究（图1.2）：在"人口"更替层面，对西安老城社区人口社会关系和人口演变趋势进行梳理，调查社区公共空间使用主体日常公共活动的出行特征规律；在"空间"更替层面，总结西安老城社区公共空间演变的发展历程和形式划分，归纳社区现状公共空间的属性和基本特征；其次，进行现状社区公共空间"人口—空间"相关性分析来提炼设计关联指标，展开对多义性公共空间的影响因素的判读和组织研究，建构主体行为样态和空间物质表征双适应机制下的多义性公共空间识别标准；最后，从功能组织、空间共构、使用弹性和时空推演四个导控层面入手，提炼出老城社区公共空间多义性设计模式和具有可操作性的社区公共空间多义性优化实施策略。

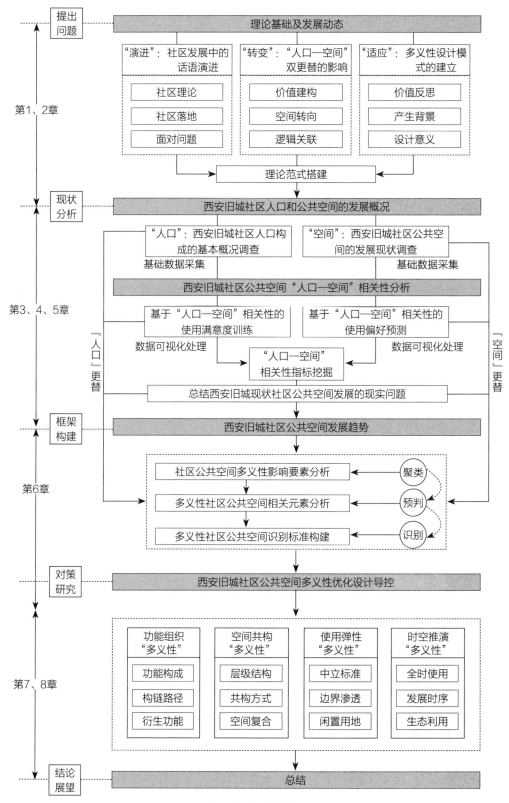

图1.2 技术路线

"人口—空间"双更替的西安老城社区公共空间设计模式

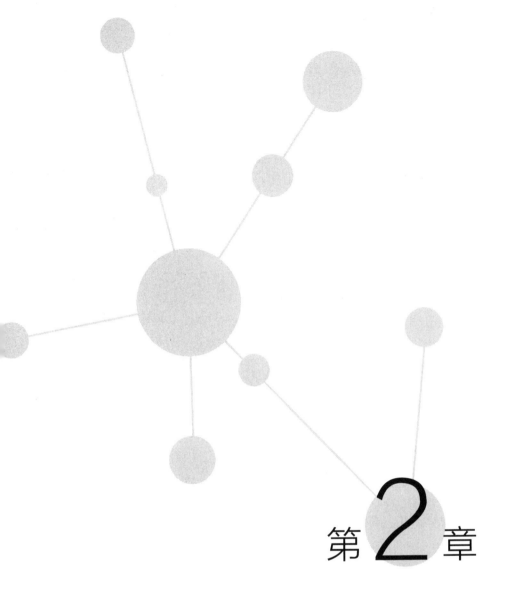

第 **2** 章

社区公共空间
相关理论研究

社区公共空间研究的展开是基于西方城市社会学和形态学研究体系下提出的研究范式。面对西方理论的传承演进以及在我国的落地化发展，许多概念和认识已大不相同，但各种思想的源头依然是人对空间的认知过程，由此带来一系列对人居环境改造的新思路和新方法。

2.1 从地域到关系的社区理论发展

2.1.1 社区的概念及其理论

社区一词源于拉丁语，指"共同的东西"和"亲密伙伴关系"，德国社会学家斐迪南·J. 滕尼斯（F. J. Tonnies）在他1887年出版的《社区与社会》（*Gmeinschaft and Gesellschaft*）一书中把人类群体共同生活的表现形态分为社区与社会两种，指出社区（Gemeinschaft）是"一定地域范围内同质人口组成的价值观一致、关系紧密、守望相助、饱含人情味的社会共同体"[39]，并强调社区的最基本要素是地域性，如邻里、村庄、城镇等[40]。

20世纪20年代，美国社会学家查尔斯·P. 罗密斯（C. P. Loomis）将社区的英文翻译为Community，赋予其更多的"共同体"含义，成为西方社会学的主要概念之一[41]。1933年，以费孝通先生为主的燕京大学社会学系学生在系统介绍和引入西方社会学经典著作时，将英文Community译成了"社区"[42]，并逐渐成为中国社会学的通用术语。

社区发展至今，在不同国家、不同地区，定义不尽相同（表2.1）：

社区的代表性定义综述 表2.1

代表人物	主要理论
帕克（R. E. Park） 和伯吉斯（E. W. Burges）	社区的本质特征是人、地、关系，社区占据一块被或多或少明确地限定的地域上的人群汇集，并特别强调社区的地域性涵义[43]
希勒里（G. A. Hillery）	社区是指包含着那些具有一个或更多共同性要素以及在同一区域里保持社会接触的人群[44]
罗吉斯（F. M. Rodriguez） 和伯德格（L. J. Bird）	社区是一个群体，它由彼此联系、具有共同利益或纽带，具有共同地域的一群人组成[45]
波谱诺（D. Popuno）	社区是指在一个地理区域内围绕着日常交往组织起来的一群人[46]
横山宁夫（Yokoyama Neo）	社区具有一定的空间地区，是一种综合性的生活共同体，既有地理空间性，又具有社会空间性[47]
费孝通	社区是若干个社会群体或社会组织聚集在某一地域里形成的一个在生活上互相关联的大集体[48]
王彦辉	社区是在一定地域范围内，以一定数量的人口为主体形成的具有认同感与归属感的、制度与组织完善的社会实体[48] 26

1．社区构成要素

国内外研究学者在社区定义基础上，对构成社区的组成要素作了归纳与扩展，认为应该包含以下内容[49] 26（表2.2）：

社区的构成要素 表2.2

要素	内容
地域	社区存在和发展的基本条件就是地域性社会，为社区居民从事生产、生活活动提供了自然条件和具体空间的边界依托
人口	社区是以一定数量的人口为基础组织起来的生活共同体。人口是社区活动的主体，没有一定数量的人口，社区就无法满足人们各方面生活需要的职能
设施	社区是一个相对独立的社会生活单位。因此需要具备一套教育、文化、服务等的系统、设施和物质生产、精神生产的体系为社区生活所需
制度	社区由各种组织和群体构成组织管理网络，以保证社区成员有秩序地生活。其构成不仅包括生活、生产组织，还包括各种社会群体组织、管理组织等及其相应的制度
意识	长期生活在共同区域中的社区成员在相互依赖、频繁交往的生活环境中，形成了共同的理想目标、价值观点、信仰、归属感、风俗习惯

资料来源：改绘自《走向新社区——城市居住社区整体营造理论与方法》

2．社区的功能

社区也是一种社会活动的组织系统，一般具有以下五大主要功能[50]7（表2.3）：

社区的功能组成　　　　　　　表2.3

功能	内容
生产／服务—分配—消费功能	作为社区最基本和最必需的功能，是组织个人和其他资源进行商品和服务的生产、分配与消费的经济系统
社会化功能	是学习和获得社会的知识、共享的价值观和行为模式的一个过程，在社会行为特定的结构和评判方面指导人们的最初地点
社会控制功能	通过社会化过程获得成员对规定和禁止的社会角色、规范和行为的遵守，从而避免社会陷入混乱
社会参与功能	这是社区的根本功能，需要社区成员直接地相互交往和参与，以便发展社区的性格，传递与实现社区的价值观
相互支持功能	整合人们之间的信任和密切细带，在社区在其成员和家庭遇到困难，且不能从自己的家庭和个人关系中获得帮助时发挥作用

资料来源：改绘自《美国社区的理论与实践研究》

3．社区理论的发展

自社区概念出现以来，地域性便成了社区概念的本质内涵之一，芝加哥学派更把邻里理论上升到社区研究的中心地位，但随着国内外学者对社区理论持续地发展和影响方式的拓展，从关系、网络的角度看待社区问题逐渐成为关注热点，形成了以下几种不同的理论（图2.1，表2.4）：

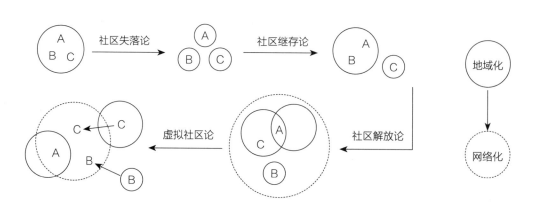

图2.1　社区理论发展图示

资料来源：改绘自《社区的转型与重构——中国城市基层社会的再整合》

　　　　　　　　“人口—空间”双更替的西安老城社区公共空间设计模式

社区发展理论综述 表2.4

社区失落	1938年，芝加哥学派（Chicago School）的路易斯·沃思（L. Wirth）发表了《作为一种生活方式的城市性》的著名文章，文中的城市性（Urbanism）的含义指的是"与在城市中生活相关的，在人们的价值观、传统习俗、习惯、行为方面的变化相联系的生活模式和行为，通常被看作为城市化的后果之一"[50]18。因此，城市生活是一种特殊的生活形式，具有多样、快节奏、异质性、自主性等特征[51]。 　　沃思认为，城市具有三种"生态区位"学上的特质，即人口众多、高密度、异质性。[41]78这三种城市特质也带来的一系列社会问题，如表面化的事本主义和越轨行为的增多。换言之，城市性或者城市生活方式是因变量，是以上三种特质的产物。众多的人口会造成了"社会裂化"，促进了团体和帮派的产生，以次级零散的关系替代了原先稳定、团结的初级邻里关系；人口密度容易促使人们丧失了对他人"较有人情味的方面"的感受能力，同时又疏远了彼此的社会距离[52]，社会关系变得疏远和割裂；异质性的后果是容易导致社区的解体，个体之间彼此不再是互帮互助，更多的是猜忌、利用，削弱了社区整体的凝聚力。[50]18因此，沃思的理论认为传统的社区共同体已逐渐走向"失落"
社区继存	1950年代开始，社会学界陆续有学者开始对"社区失落"的观点提出质疑，他们认为"人类本质是合群的，在任何情况下都可以组建社区"[53]。1952年，奥斯卡·刘易斯（O. Lewis）发表了《未崩溃的城市化》一文，指出墨西哥村民移居到墨西哥市后组建出新的少数族裔聚居区——"都市村庄"（urban village），聚集区里的生活方式、社会关系和人际交往与之前并无太大差别，人情味仍然相当强大。[54]他进一步指出，许多居住于大都市的人，仍保留着自己的小圈子和互助互信的邻里关系，圈外的陌生人对他们的行为和心理影响不大。如"小意大利"、唐人街、日本城、犹太人区等都是这方面的例子[55]。 　　随后，1962年赫伯特·甘斯（H. Gans）出版了《都市村民》，反对将生活方式与地域联系起来，尝试探讨外部的邻里、地缘关系是否可以从社区地理边界辐射到更广的范围中去，认为生活方式是由居民特性——居民的社会阶层或者他们生命的不同阶段决定的。于是，他进一步分析了居住于城市中不同人口的特性，于1968年发表了《作为生活方式的城市性和郊区性》[56]，他认为无论是在城市中心还是城市郊区，不同人口组合而成的社区会出现不同的结果，但"社会分工和科层化并没有弱化和割断个人的初级社会关系，人类能够在任何社会环境下继承传统同时适应新环境来建构社区"[57]
社区解放	1970年代，费舍尔（Claude Fischer）、韦尔曼（B. Wellman）和雷顿（B. Leighton）提出了"社区解放论"，主张社区应从地理空间的限制中解放出来[53]105，使人们可以不仅仅局限于地缘关系去研究社区。1977年，费舍尔在其《社会网络与场所：城市环境中的社会关系》一书中指出"把社区视为个人关系的网络"[41]93，阐述了人们通过共同兴趣和价值目标等行为聚集，但彼此并不受到居住距离的影响，他把这种特质称为社会网络关系。在费舍尔的影响下，韦尔曼和雷顿于1979年发表了《社会网络、邻里关系和社区》一文，对以往社区研究的主要论述观点进行梳理和总结，提出社区居民应打破对邻里关系和地域边界的束缚，建立松散而多元的初级社会关系结构，即"社区解放"[58]。 　　同时，为了描述和研究这种跨地域的人际关系，韦尔曼、雷顿与费舍尔都提出应用"社会网络"作为研究社区关系的分析工具，既扩大了研究范畴，也"对于人际网络的存在、构成、结构和操作都有了更好的发现和分析"[57]99

虚拟社区	现代通信技术特别是互联网的迅猛发展，极有力地推动了社会交往关系蓬勃展开，虚拟网络产生的线上、线下互动关系成为重要的社区关联模式。虚拟社区理论的学术渊源是"社区解放"论的延续，早期研究多关注其互联网特征、结构和过程。安东尼·吉登斯（Anthony Giddens）总结了其研究的两种对立观点：一种观点认为过分沉溺于网络交流会使人际接触减少、人际关系受到损害，强化社会隔离和原子化[59-60]，但是另一种大多数的观点认为，互联网能进一步诱发了新的人际关系诞生，是现有交往形式的完善和补充。区别于日常生活的运作规则，大多学者认为在线生活是基于共同兴趣和价值超越地域组织起来的行动场域，是对日常生活的解构，甚或是一种具有匿名性和游戏性的生活方式。而进一步的研究通常认为虚拟社区只是现代社会变迁的潮流之一，"虚拟"不是"不现实"，而是一种不同层面的"现实"。虚拟社区可以是一种日常生活世界的"有限意义域"，同时也是信息化社会背景下一种维持和产生社会网络的方式[41]45。这些社会网络可以保持在原有媒介和地域内，也存在于本地社会关系网络内外，或是扩展到其他媒介或区域，乃至线上线下共同发展，形成社会支持、资源交换和互惠互利等关系行为

总之，无论是网络社区，还是虚拟社区，它们一方面产生了社区脱域现象，超越和摆脱了地域性的约束，在更大的范围构建起社区居民的社会关系网络；另一方面从逻辑上，社区发展也不排除在地方上社会行动的发生和"再地方化"的时空重组效应。[3]47

2.1.2 我国社区在旧城更新过程中所面对的问题

社区空间的发展是与国家转型和社会发展紧密相连的。正是在中国存量社会日益转型的背景下，随着旧城经济的发展和政府职能的转变，社区作为一种地域特质和管理职能空间才得以存在，以居民生活的物质—社会空间方式呈现。

1. 我国社区与西方社区的区别

我国社区最初从理念和规划上借鉴西方社区发展的方式较多，但由于社会背景和制度体系的差异，二者在根本性质上和营造模式上具有很大的区别。

西方社区多实行"自下而上"的"二分离"社区自治模式，政府间接介入社区管理，通过制定各类型、各层面的法律法规达到治理效果，平衡社区成员的各种利益关系，调动各方民主参与的积极性，力求从活动组织到经费运营上实现全面的社区自治。

而我国社区的产生、发展带着明显的"自上而下"性质，伴随着中国计划经济体制向市场经济体制转型，具有了与西方不同的时代演进特征。20世纪80年代，我国民政部正式引入了社区的概念，并以行政划分和公共资源规划来推行"属地管理"方式。这也与西方邻里关系为主的社区概念有了本质的区别，因此，我国社区自诞生之日起就烙上了深深的行政印记，是一种"行政区—社区"的运行模式[61]，承担了协调管理职能和组织系统保障。[62]但由于管理体制的问题，也造成了社区与市场运作、与政府管理的职能边界模糊、"上下"连通不到位等问题，成为我国当前社区健康发展的制约。

2. 社区概念在我国的落地过程

我国的社区建设过程是与社会发展相适应的，并一度经历了停滞和波折。直到改革开放后，国内社区发展才逐渐进入正轨，从最初依托于西方社区规划理论的概念模式探索，发展到适应社区建设在地化的社区理论深化。

1）计划经济时期

计划经济时代，我国的城市基层社会是通过以"单位制"为主体、辅之以"街居制"的管理体制来完成的[63]42。国家成为一个具有高度整合性的集体社会，"单位"成为"国家与个人之间的联络点"。[64]而在单位体制之外仍然存在着大量城市居民，如家庭妇女、无业人员等，政府就通过街道办事处、居委会这类下属基层组织来对非就业人员进行管理。这种"二元制"管理体制，实质上就是一种高度集约机构。在宏观的国家层面上，构建了政府主导的"国家—单位—个人"的基本社会结构，在微观的基层层面上，催生出一个个的"社区生活共同体"[63]30。

2）市场经济时期

改革开放后，我国的社会经济结构出现重大转型，计划经济时期建立起来的"国家—单位—个人"高度集权化的社会管理体制失效，原来由国家主导的单位社会逐渐向国家、市场、社会三个领域分化，预示着"单位制"的瓦解和新一轮社会重组的开始。[63]34随着国企深化改革和政府职能转变，大量"单位人"进入了企业和社会，从中剥离出的管理职能和服务职能都需要社区承接；同时，急剧增加的外来移民人口也给社区管理带来新的难题。因此，建立一个独立于单位和市场之外社会服务和保障体系的任务就自然落到城市社区上。

因此，社区规划建设得以重启。1986年民政部首次将"社区"概念纳入基层管理，1991年又提出"社区建设"一词，以完善商业、医疗、教育等社区服务体系为目标，揭开我国社区建设的序幕[65]。2000年《中共中央办公厅 国务院办公厅关于转发〈民政部关于在全国推进城市社区建设的意见〉的通知》（中办发〔2000〕23号）中又进一步对"社区"作了明确定义："社区是指聚居在一定地域范围内的若干社会群体或社会组织所组成的社会共同体。……大力推进社区建设，是我国城市经济和社会发展到一定阶段的必然要求，是面向新世纪我国城市现代化建设的重要途径"[66]。自此开始，中国社区发展进入了一个崭新的阶段。

3．现阶段老城转型过程中社区所面对的问题

1）人口频繁地流动性与异质性对社会关系网络的破坏

改革开放以来，城市经济活力迅速提升，由此产生了大量的岗位和创业需求，城市也开始出现了频繁的人口流动。老城人口结构发生了重大转变，原住居民不断向新城区疏解，外来人口流动性增强，逐渐向内城区聚集，对于老城的更新与发展提出了重大挑战。究其原因，从20世纪80年代开始，由企业兴衰或社会流动而导致的住所迁移越来越多，原居民在收入提高后也有了更大的择居空间，对过去几十年形成的相对稳固的社会关系结构产生了极大冲击[67]。

在调查中发现，对于原住民来说，西安老城社区中住房的第一批持有者已近暮年，资本积累与生活改善的需求促使部分居民出售或出租已逐渐破败的房屋，再加上市中心的地价和物价不断攀升、被动迁徙安置的强制性措施等原因，迫使许多原住民异地搬迁，使原来的邻里结构及其社区氛围遭到破坏和拆散，也会导致居民之间的互识程度相较之前大幅降低。对于移居者来说，老城社区一般地处中心区，虽人口密度高，但医疗、便民设施齐全、学校资源优厚，同时房租低廉，很受上班、上学、打工的中青年人青睐，成为老城社区的新移民人口组成。但以目的地作为第一选择的新移民们对于自身权利主张和外在环境追求相对较少，同时也缺乏足够的物质资源和社会关系，新邻里间较少发生主动交往行为，也尚不具备改造环境的能力。这种状况在新建的商品房住宅区中更加明显，封闭性极强的社区内部性管理制度和相应的设施布局更不利于在城市改造中新关系网络的构建。

同时，不同来源地的居民带有自己的本源文化习惯，人们在相互交往时较易包容彼此的观点和尊重邻里的文化界限，但这种社区的异质性构成也会无形间拉大了社区居民交往的社会空间距离，情感因素和邻里关系日渐式弱，从而带来了人与人关系的相对疏远，使老城社区社会关系网络存在一定程度的空间扩散。

2）大规模老城改造与居住区开发对社区空间结构的冲击

自20世纪90年代以来，我国老城改造加快了步伐，规模和速度都达到了空前的程度。这一时期的老城改造进入了全面综合治理的阶段。对于老城来说，在城市发展层面，城市化的快速进程导致老城功能、环境逐渐衰败，政府为了提高地方财政收入，多对城市中心区进行高强度的更新改造，老城在用地上和结构上出现置换和重组。在社区层面，既有空间经历了多年的岁月冲刷，设施和场地已十分落后陈旧，亟需进行更新改造。随着市场的逐步开放和市居民收入水平普遍提高，部分居民有能力选择建筑标准更高或周边环境更好的住房，也对社区环境提出了多层次的要求。

我国老城改造主要经历了以下几个阶段：解放初期，老城改造以工业建设结合住

房建设为主，老城实行的多是逐步建设、充分利用的改造政策；20世纪70年代后期随着全国性的住房问题出现，老城开始利用住区建设迅速提升建筑密度，采取应建尽建、填漏补空的改造方式；改革开放以后，随着老城的商业化程度提高，老城改造的资本来源也变成全社会共同出资，形成了国家、地方、企业、私人等多方投资体系。由于投资主体的变化，市场投资主体在价值规律的调节下，会利用各种方法追求土地利用的最高效率和经济利益的最大化。所以在当时的老城改造中，多以"大规模的推倒式重建"的商业区和商品住区为主，老城改造的范围也不断扩张。现今，信息化和效率化的新生活方式取代了老城慢节奏的生活步伐，现代化和科技化的新营造技术消解了老城旧有传统格局，新、老发展中也产生出诸多弊端，人们开始重新审视过去单纯追求物质环境提高而引发的绅士化、形式主义、文化空洞等问题。

这些问题的产生原因是多方面的。从区位价值角度，老城具有无可比拟的地理优越性，土地价值不断升高，市场规律下的商业开发模式与原先历史原因造成的传统空间结构相矛盾；从社会发展角度，社会经济和建造技术蓬勃的发展带来生活条件的大幅提升，与老城保守衰落的意识形态和空间表征格格不入；从文化保护角度，老城是历史文脉和集体记忆的空间载体，如何解决文脉、肌理、社会网络传承与社区协同发展的问题也成为老城改造中的难题。[68]

2.2 "人口—空间" 双更替驱动的社区公共空间转型

2.2.1 从行为主体的公共性到空间交往的日常性

自人类社会发展伊始就存在公共性问题，"公共性是主体在实践活动中所表现出来的一种社会属性和观念体系，是标识人的共在性和相依性的意识和情感"[69]。公共性价值建构理论由两大体系构成：从认知视角看，公共性价值认知以"公共领域"为核心概念实现了从先验的哲学伦理观转向经验的社会实践观的当代转向；从建构视角看，该理论提供了以"日常生活"为核心概念的生活世界回归和社会交往价值的实践路径。

1. 公共领域

当代对于"公共性"的研究，从19世纪初期，伊曼努尔·康德（Immanuel Kant）对"公共"与"私密"的辩证关系研究开始，指向人的社会属性的实现和个体生存的付出，首次界定了"公共领域"的现代概念。1950年代，汉娜·阿伦特（Hannah Arendt）与哈贝马斯（Jugen Habermas）两位著名学者都提出"公共领域"是个体参与社会性活动的途径理论[70]78，主要有以下相关理论成果（表2.5）：

公共领域理论综述　　　　　　　　　　　　　　　　　表2.5

古典政治伦理	阿伦特最早涉及的公共领域是以致力恢复共和主义传统为目的的[71]3。1958年代，阿伦特在《人的条件》（*The Human Condition*）一书中论述的"公共领域"是基于古希腊传统的公共领域，认为"私人生活领域与公共生活领域的区别相对于家族领域与政治领域的区别"[72]。 阿伦特主张将政治问题从社会中分离出来，进行独立的思考，以克服社会化的政治理论对公共性价值的遮蔽，并从对现代社会的"私匿性"批判中寻求公共领域的政治公共性价值。她借鉴海德格尔的现象与存在论思想指出：首先，公共空间是透明和可呈现的，是现象的空间，且必须是有"他人"在场的公共领域；其次，公共空间是世界的，"世界"（world）不是纯粹的"自然"（nature），"公共世界"把人聚集在一起，建立人与人之间的纽带，却并不需要消除其"特性"[70]21，这样的公共空间是具有真正的以德行为基础的古典政治公共性伦理价值，"是一个摆脱了权威性的政治意识和经济因素影响的纯粹意义上的公共领域"[73]。阿伦特的理论对于规划、建筑领域的公共空间研究具有实质性价值，阐释了公共生活的价值意义和公共领域的参与途径，以及"交往"内涵的多元性和独特性[74]
后现代社会实践	有关公共领域的讨论，哈贝马斯从社会学的角度也进行了非常系统地综合描述。1961年，哈贝马斯在其《公共领域的结构转型》一书中明确界定了公共领域的概念、特征、形成机制。[75]不同于阿伦特在现代公民社会之外重构政治性公共空间的理念，哈贝马斯以自由主义为出发点，构建了一个独立于政治权力之外、并不受官方干预，社会公民自由讨论公共事务、参与政治的活动空间或公共场所（团体、俱乐部、党派、沙龙、通信、交通、出版等），是基于个人知识体系和价值观的公共理性，这个偏私人的公共领域是"一个松散但开放和弹性的交往网络"[76]。 哈贝马斯将阿伦特抽象的、不定型地公共领域进行了更细微的划分，试图将"公共领域"纳入其公民社会的分析框架中，凸显其在结构转型中的复兴与重建价值。哈贝马斯认为，公民社会就是指独立于政治国家的、跟随市场经济而出现"私人自主领域"，它包括私人领域（Privacy Sphere）和公共领域（Public Sphere），私人领域指涉黑格尔和马克思的作为经济系统的公民社会；公共领域是指由私人组成的、独立于政治国家的非官方组织所构成的社会文化系统[77]

阿伦特和哈贝马斯都从公共性价值的哲学实践观出发，提出了价值重建的思想理念。两位学者都不约而同地选择了"公共领域"作为阐释其价值建构理论的核心概念，体现了典型的社会价值研究"空间化"范式选择倾向。尽管如此，两人对"公共领域"这一概念的理论表述却存在相当的差异性（表2.6）。阿伦特的研究侧重于强调公共性价值的政治伦理属性，提出了基于政治行动空间的话语实践建构方法；而哈贝马斯则侧重于强调公共性价值的社会实践属性，提出基于交往实践场域的社会行动建构方法。

<table>
<tr><td colspan="4" style="text-align:center">阿伦特和哈贝马斯对于"公共领域"的理论总结　　　表2.6</td></tr>
</table>

代表人物	价值主体	价值危机	价值建构
阿伦特	古典政治伦理	• 经济性现代社会的崛起 • 现代社会空间的"私匿性"	通过言说、交流展现出来的现象化的政治空间场域 （非权力建构或臆造的空间）
哈贝马斯	后现代社会实践	• 权力政治对社会生活的侵蚀 • 生活世界的殖民化 • 市民公共领域的衰落	以社会行动和实践为基础，体现交往理性的社会空间 （非先验的存在论空间）

资料来源：改绘自《社区公共生活与公共空间的互动》

2. 日常生活

19 世纪中叶，哲学界、社会学界开始走出传统思辨的理性王国，一些重要学者都开始进行普遍性理论转向——"生活世界"的回归[78]，丰富了日常生活的内涵与外延（表2.7）。

<table>
<tr><td colspan="2" style="text-align:center">日常生活理论综述　　　表2.7</td></tr>
</table>

哲学领域	
海德 （M. Heidegger）	剖析了人和生活的"存在意义"，提出"日常共在"的"非本真状态"的异化[79]
列斐伏尔 （H. Lefebvre）	在《日常生活批判》明确提出了日常生活批判这一议题，他认为"日常生活是生计、衣服、家具、家人、邻居、环境……如果你愿意可以称之为物质文化"[80]，日常生活是平庸的和重复的，但是又具有一种"生动的态度"和"诗意的气氛"[81]
科西克 （K. Kosik）	在进一步理解马克思哲学和海德格尔思想的基础上，认为日常生活世界是一个揭去伪装的、似自然的、颠倒的、异化的世界[82]，最能直接反映"伪具体性世界"的本质，直接地建立在功利主义实践和重复性日常思维基础之上[83]
赫勒 （A. Helle）	全面地探讨了日常生活的发展过程，对日常生活的演变模式进行了梳理和设计，明确了日常生活的重要历史地位和对"个体再生产"的基础性意义，同时也批判日常生活的局限性[84]
衣俊卿	从日常生活交往和非日常生活交往两方面将人类社会结构进行层次区分[85]
社会学领域	
舒茨 （Alfred Schutz）	在其著作《社会世界的意义构造》中将现象学的方法引入到社会学中，提出"二阶建构"的方法论[86]，认为日常生活世界塑造了人们的角色和行为模式，支配和操纵着人们精神生活和思想意识[87]

社会学领域	
哈贝马斯 （J. Habermas）	提出"交往行为理论"，认为生活世界结构一般具有文化、社会、个性三个层次：即相互理解、协调互动和社会化来满足社会文化再生产、社会整合和人格的形成，通过交往行为达到理解以实现"传播、维护以及更新文化知识"的目的[88]
米歇尔·德塞都 （Michel de Certea）	在《日常生活实践》一书中指出"一个社会是由一定的实践来构成"[89]，要涉及日常生活的问题，就必须要进入社会的"生活实践"，透过实践的主体——"平常人"来了解探究社会的平衡，这种实践一般会被归纳为两个概念——"抵制"（resistance）和"空间实践"（spatial practices）
安东尼·吉登斯 （A. Giddens）	重建了社会学的"二重性结构化理论"研究方法，归纳出社会组织系统的若干对"二重"关系（微观—宏观、个人—社会、行动—结构、主观—客观），他认为："人们的日常生活看似随意，但其实处在难以被察觉的、严密的系统秩序之中"[90]
其他学科领域	
费尔南·布罗代尔 （Fernand Braudel）	进一步把过去被传统史学所忽视的日常生活引入历史研究视野，在他的《日常生活的结构》中认为"日常生活是由那些人们在历史时空中几乎不加注意的小事构成的"[91]，通过长时段潜移默化中形成的经验和习惯，构成历史性、规律性的深层结构
费瑟斯通 （Mike Featherstone）	在《消费主义与后现代文化》提出"日常生活审美化"，审美原则开始向生活领域扩展[92]；鲍德里亚（Jean Baudrillard）进一步提出了"超美学"的概念，"美学已经渗透到经济、政治、文化以及日常生活当中……以至于从现在起所有的东西都成了一种美学符号"[93]

2.2.2 从宏观到微观视角的空间转向和社会关系调整

在现代主义建筑观的影响上，西方学者对日常生活视野下的公共空间研究转向可以分为宏观和微观两个层面。宏观层面注重研究社会因素对空间布点的影响，资源分配的规律性原则；微观层面则侧重于研究人和空间的互动关系，探讨人在日常生活中使用空间的模式和方法，空间如何对人的行为活动和感受产生诱导，对人格和心理的塑造作用[94]。

1．宏观层面：关注"社会空间"

20世纪后半叶，出现了城市研究的兴起与跨学科的社会空间转向，关注于"社会制度的空间含意"，在一众西方学者的研究努力下，空间社会学理论发展逐渐成熟，为城市空间的研究提供了一个新的理论视角（表2.8）。

列斐伏尔 （Henri Lefebvre）	提出社会空间视角，主张社会学的研究应该考虑空间要素的影响，构建了社会—空间辩证理论，推动了对社会理论"空间转向"的研究。在其著作《空间生产》中，列斐伏尔改变了传统哲学研究中只关注时间的做法，提出"空间是社会的产物"，认为空间不再是生产的背景、容器和载体，而是社会的产物，承载着生产和再生产关系。此外，列斐伏尔还提出空间生产过程中"三位一体"的概念：即空间实践（Spatial Practice）、空间表现（Representations of Space）和表征空间（Representatinnal Space）[95]
安东尼·吉登斯 （Anthony Giddens）	提出了结构化理论——社会结构由规则和资源构成，他引入了两个重要概念："场所"和"在场可能性"，前者仅指活动发生的空间，后者则涵盖本土性观念和制度安排。所以，这种互动性空间形成是具有可及性的即为"空间的社会聚合性约束"[96]
爱德华·索亚 （Edward W. Soja）	在其著作《第三空间：去往洛杉矶和其他真实和想象地方的旅程》中提出了"第三空间"概念，认为空间分类应包括感知空间、构想空间和存在空间三种。第一空间：感知空间，是具体的、物质化空间形态[97]；第二空间：构想空间，是从精神视角利用空间想象在信息符号的编码中形成的表象；第三空间：存在空间，"包含了真实的和象征的体验空间、情感空间、事件和政治性取舍，它既是真实的也是想象的"[98]
沙朗·佐京 （Sharon Zukin）	提出"谁的文化？谁的城市？"的问题，批判了美国城市为代表的"全球城市"转型过程中对外扩张其"欺骗性的、不合逻辑的文化"，"象征经济与公共空间的合作"强加在人们日常生活之中，否认了地方性的多元特征[99]。为了解决这一矛盾，佐京提出有效的方法是建设各类型的公共空间、居民区以及具体的表演空间、实践空间等城市空间，促使地域和种族文化的融汇

2．微观层面：关注"日常空间"

在微观层面的空间研究更加关注于日常空间，关注于其"形态学，其影响我们感知的方式，其被使用的方式，以及其所能产生的含义"（表2.9）。[100]

微观层面公共空间理论综述　　　　　　　　　表2.9

简·雅各布斯 （Jane Jacobs）	在其《美国大城市的死与生》中认为"城市空间不应是单纯工程性的和只追求技术效率的，它更应成为人性成长，人际互动的空间，这种互动为城市环境注入了生活的血液"[49]135，她批判了现代城市主义所看重的规划模式，系统的提出"城市多样性"的概念，以及保持城市多样性的重要性和方法，大力提倡以城市使用者和步行者的角度出发，研究市民的日常生活与城市空间的互动，塑造出有活力、生气的城市空间

克里斯托弗·亚历山大（Christopher Alexander）	在其《城市并非树形》中比较了"自然城市"和"人造城市"[101]，批判了"人造城市"是以蓝图式的建设，而忽略了城市日常生活的活力、复杂性。在他的另一本著作《建筑的永恒之道》中提出"事件模式"和"空间模式"，主张日常生活中不断发生的事件赋予城市或建筑最独有的特征，"正是空间中的事件模式，在建筑和城市中重复，而别无其他"[102]
凯文·林奇（Kevin Lynch）	提出"城市意象"的理论，即城市的"可识别性"，包含"道路、边界、区域、节点、标志物"五大识别元素[48] 68。在他的《城市形态》一书中设定建立和决定城市形态的几个关键性能指标，即"活力、感受、适宜性、可及性、管理与控制、效率与公平"[103]
扬·盖尔（Jan Gehl）	他的"公共空间——公共生活"调查研究持续了40余年，从使用者视角来总结公共空间的使用方式和活动内容，并分析出什么样使用模式可以用来评价和提升空间品质，他的研究主要集中在"空间中人的感知与行为"，"空间场所设计"理论和"生活—空间"的设计程序，多从使用者视角来审视场所功能与价值的实现程度
诺伯格·舒尔茨（Christian N. Schultz）	提出建筑现象学理论，要求空间"回归事物本身"，包含"场所结构"和"场所精神"两个方面。他认为，形成"场所精神"的关键在于使人们对空间有归属感和情感联系，使得"场址"（site）成为"场所"（place），揭示出空间潜在的文化关联和环境意义[47] 57

2.2.3 从"人口"与"空间"的关系探究公共空间的本质

1. 公共空间概念的演进

20世纪60年代初，"公共空间"的概念开始出现，标志着城市和建筑领域开始从功能主义的建造原则转向重视空间社会价值的实现手段。公共空间具有的物质性和社会性的双重概念，使得这一概念自产生开始就成为一个多价值、广延性取向的综合研究课题（表2.10）。

公共空间的概念归纳　　　　　　　　　　　　　　表2.10

年份	人物	观点
1975	芦原义信	"城市的外部空间首先从限定自然开始，是由人创造的有目的的外部环境。与无限延展的自然环境不同，外部空间是比自然更具有意义的空间"[104]
1987	扬·盖尔	必要性公共活动空间，自发性公共活动空间，社会学公共活动空间
1992	蒂巴尔兹	城市公共空间是"人们相互接触和交往发生的地方，是城市中最重要的部分"[105]

年份	人物	观点
1992	韦斯特·卡尔	公共空间是"人们进行功能性或仪式性活动的共同场所，无论是在日常生活或周期性的节日中，它使人们联合成社会"，在公共空间中，"公共生活的质量及它所服务的公共目的是最重要的"；公共空间是"开放的、公共的、可以进入的个体或群体活动的空间"[106]
1996	马达尼普尔	"城市公共空间通常指存在于城市建筑实体之间、面向全体公众、经过人工开发并提供活动设施，且空间属性具有公共性的开放空间体。作为不同权属空间之间的缓冲地带，常常具有土地功能混合和多义性特点"[107]
2001	李德华	"城市居民的日常生活和社会生活公共使用的室外空间"[108]
2001	赵蔚	"公共空间与以自然环境为主的城市开敞空间的区别在于其作为人工创造物的属性"[109]
2005	马修·卡莫纳	"公共空间是与所有建筑及自然环境相关联的可以自由到达的场所"[110]
2009	陈竹、叶珉	城市公共空间"存在于具有相当密度和混合使用功能的城市肌理中，是能容纳各种自发的社会活动的城市空间"[73]46
2015	美国规划协会	公共空间是人们的聚集之地，也可能是社区、商业区、特定地段、滨水空间的部分区域，或者公共领域内的其他区域，用以促使社会交往，形成社区意识[111]

2. 公共空间作为"人口"与"空间"的联系媒介

1）联系的主体：同质或异质的人

公共空间的联系主体就是人。实现公共性的首要条件就是对公共空间中所有人的联系和包容。公共空间应为人们提供碰面与交流的可能性，充分发挥其作为"人口"和"空间"的媒介作用，让社会个体建立联系，并产生相应的社会组织关系，从而使个体更好地融合在一起。

公共空间除了将个体联系起来之外，还承担着将"个体人"与"群体人"联系起来的职责与功能。这里的群体并不是简单意义上的聚集概念，而是社会学家古斯塔夫·勒·庞（Gustave Le Bon）提出的："为了行动的目的而聚集在一起的群体"，"在某些既定的条件下，并且只有在这些条件下，一群人会表现出一些新的特点，它非常不同于组成这一群体的个人所具有的特点，聚集在一起的群体，他们的个性消失，形成了一种集体的心理"[112]。勒庞称他们为"乌合之众"。

因此，公共空间的联系主体正是由这些异质性个体和类同质化群体共同组成的群体对象，同时应将尽可能多的人吸引到这个空间中，该空间为他们的行为活动提供活动平台，共同交换彼此的讯息、知识，达到互相之间的认同和理解，创造社会价值和社会意义。

2）联系的客体：具有社会属性的物质空间

城市公共空间除了要将人链接起来，还要承担着将人与公共空间中的物质基础联系起来的功能。任何空间都离不开物理环境的营造，城市公共空间亦是如此，公共空间物质空间具体是指关于建造公共空间物理环境的基础性内容，如功能分区、空间形式、尺度、色彩、材料、植物配置等。

过去，公共空间的设计多从单纯的空间几何关系、艺术美学要求出发，而现今为了塑造一个具有社会属性的公共空间，城市公共空间需要将主体活动的人与客体存在于物理空间中的物质基础建立联系，针对不同的连接对象，进行具体化和偏好化的精细研究，有针对性的展开空间设计。在设计过程中应不断地进行组合与修正，让更多的人能够参与到公共空间的设计和实践中去，深度挖掘场所的事件与记忆，重视人与物理空间的真实联系。

3）联系的媒介：双向性的公共空间

公共空间作为一种连接媒介，将公共空间中的人与人活动的物理空间联系起来。这种联系具有双向影响。根据符号互动理论，"人类对事物的行为是基于事物对于人所具有的意义发生的"[113]。公共空间可以看成是人们进行互动行为表达出的符号产品，使用公共空间的过程可以被视为人们获得的身份认同和场所归属的路径，共同在公共空间中发生行为与活动，才能创造或改变公共空间的社会意义。同时，具备社会意义的公共空间也要诱发人们的到来并在其中进行活动，从而对公共空间的意义进行不断地修正和提升。

因此，人在公共空间中，既是使用者，又是反馈者。人对于公共空间作出的反应不是物理性的机械反应，而是透过公共空间的实践意义进行的。这种双向身份形成了对公共空间的双向影响关系：一方面，人的行为可以影响公共空间联系的另一端物质空间；另一方面，通过物质空间的改变，公共空间又反过来影响其主体对象。

2.2.4 社区公共空间转型与"人口—空间"双更替的逻辑关联

1．社区公共空间的属性、分类和特点

社区公共空间是城市社区内部或邻近周边存在着的开放空间体，是社区成员进行日常性公共交往、活动组织的开放性场所。

1）社区公共空间的属性

社区公共空间主要具有社会、功能以及形态三个维度的属性特征（表2.11）：

社区公共空间的属性特征   表2.11

社会属性	往往强调"公共性"和"公共领域"，即社区成员可平等、自由地进出活动，区别于住宅、院落等私用空间
功能属性	与使用者活动属性对应的公众使用功能，往往一个空间会具有多重使用功能，涵盖休闲、运动、教育、医疗等
形态属性	包括室内、外的公共场所和公共产品的空间形态组织关系。如对功能容纳、边界处理、路径设置等运用的设计手段

2）社区公共空间的分类

本文主要研究内容为社区人口的特征、行为、活动与社区公共空间之间需求和发展问题，因此笔者从服务层次和空间布局两个角度对城市社区公共空间进行类型划分归纳（图2.2）。

（1）从适宜人口的服务层次角度，可将社区公共空间分为邻里日常型公共空间、街道交往型公共空间和街区扩展型公共空间。邻里日常型公共空间主要指日常5分钟（300米）步行时空半径内的公共空间，如宅前院落、社区活动场地（包括中心绿地、运动场地等）；街道交往型公共空间主要指处于社区居民10分钟（500米）步行时空半径内的公共空间，如口袋公园、商业服务设施、街头广场等；街区扩展型公共空间是指处于社区居民15分钟（1000米）步行时空半径内的公共空间，主要为社区居民提供前两类公共空间无法提供的活动类型和活动规模，对其进行功能补充和拓展的空间。

（2）从空间形态的布局关系角度，可将社区公共空间分为点、线、面空间。点空间有公共建筑、公共设施、城市家具等；线状空间即为路径空间，其中，街道也是老城传

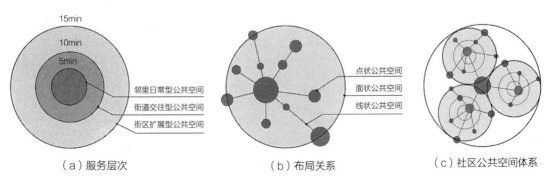

（a）服务层次　　　　　　（b）布局关系　　　　　（c）社区公共空间体系

图2.2　社区公共空间的类型划分

统社区内最重要的公共空间，兼具交通和聚集功能；面状空间如空地、街头公园、健身场地等，承载了居民大部分的日常活动。

本文所探讨的社区公共空间将综合上述两种分类方式，并赋予其适应功能的使用方式，在广场、绿地、街市大的分类框架下进一步探讨其空间体系、服务层级和布局关系等内容。

2. "人口—空间"双更替对于社区公共空间的影响

1）异质化的社会构成对社区公共空间布局模式提出新要求

老城社区由于人口的频繁流动和大规模的旧改行动，社会构成逐渐趋于复杂化，多元异质的特点显著突出。从社会特质上来看，随着异质人群的增多，社区内涌现出众多"亚文化"社会组织，不同出身背景、文化阶层的社会关系开始重组，社区公共空间功能设置和形态构成愈发复杂；从功能组织上来看，当代人对社区的需求与公共空间以往提供的单一、纯粹的功能使用模式已不匹配，经常可以看到店铺逐渐往"金角银边"的社区边缘聚集、培训机构常常与游乐功能设施混合设置等现象，这都是公共空间功能与居民需求契合的表现（图2.3）。在这种情况下，想要营造与社会关系相适应的社区公共空间应提高对社区居民的接纳能力，提升功能的混杂性和公共参与的积极性，培养良好的社区认同感和归属感，社区公共空间应受到全体社区居民的自觉维护。

2）脱域化的社会交往促进社区公共空间内外边界的整合

随着社区居民社交方式和出行方式的转变，地域边界的影响力正在逐渐减弱。社会

图2.3 "微杂院"改造在公共空间中融入教育功能

资料来源：张轲，张益凡. 共生与更新 标准营造"微杂院"［J］. 时代建筑，2016（4）：80-87.

　　　　　　　　　"人口—空间"双更替的西安老城社区公共空间设计模式

关系的脱域化表现为社区成员的交往常常越出一定的空间边界范围，向社区外部延伸。但对老城既有社区公共空间来说，地缘社区、单位社区的封闭管理方式和商品化住宅实行的门禁制度已明显不适应城市空间转型发展，与当前社会、经济和文化网络化发展趋势的特点相背离，引起社区信息沟通内聚闭塞，资源共享不足浪费等问题，再加上公共意识的淡薄抑制了社会交往与互动，使得公共空间进一步内聚化，只能变成一个个零散的"孤岛"，严重削弱了城市与住区之间的能量流动。与之相对，社区公共空间在边界上的开放有利于增强社会共融能力和土地整合能力，促使信息网络资源共享，实现节约型社会的发展诉求。

3）趣缘化的社会关系对社区小微公共空间系统网络的维系

近年来，老城社区的关键性维系因素开始发生变化：居民逐渐摆脱了地缘、业缘的限制，经常为共同的兴趣爱好、价值志向而聚集在一起活动。这种以"趣缘"为核心组织的社区公共空间多着眼在其日常性的使用上，就像奥登伯格的"第三空间"所说的——家以外的家，兼容正规和非正规使用，例如树荫下形成的纳凉空间、闲置空地临时的广场舞空间、利用坡道滑板的游戏空间等。这类空间具有随机性、适用面广特点，可以灵活地转换用途，与其他的活动同时共存或轮流使用，可以促使"趣缘"的参与可以随时随地发生（图2.4）。同样，这类小微社区公共空间的存在也能反过来刺激社区公共生活的健康开展，有效增加人际交往的频度和社区资本的产出，延续、扩充原有的社会网络或促使新的网络构建。

3. 社区公共空间对于"人口—空间"双更替的意义反馈

1）社区公共空间是社会—空间双重转型的物质表现

现代生活的高效发展中，社区公共空间功能、交通、设施等物理属性被作为建设的主要衡量标准。然而，社区公共空间还有着对社区成员日常生活承载和社会关系网络维系的重要作用。

图2.4　西安老城楼栋间被发掘的日常公共空间

社区公共空间是最基层的社会—空间统一体，其空间模式需要与居民使用方式、认知层次以及心理认同的过程相适应，获得相应的领域感和归属感。例如社区内"完全开放类"的公共空间应利于社区间人员进行多层面的流动，增强城市界面的联系性和完整性，体现出社区与城市的协同效应；而"半开放类"的社区公共空间则注重公、私空间相互渗透，引发邻里之间的人际交流和多元沟通，催生出多种非正式、非正规的公共行为（图2.5），同时能促进社区与城市资源的共享共融。这种与人的心理认知规律相符、多层次、渐进式的社区公共空间体现出对社会空间的有效整合和提升。

2）社区公共空间成为社会网络融合的介质

社区可以看作是一个微型社会，通过对原住民群体和新移民群体的社会整合，可以建立起相应的社会关系网络和亚文化圈，构成了国家和大社会的基础。在社区中，拥有不同背景的异质群体很难找到渠道打破彼此隔阂，而社区公共空间恰好是有效建立社区认同和归属感的最佳容器。

因此，社区公共空间应尽可能发挥介质的作用，将社区成员的行为、活动喜好进行组织和整合，以满足不同居民的社交、文娱休闲等体验需求。构成介质的类型包括有形的物理要素，如设施、构筑物、场地要素等；无形的介质类型，如互联网技术、新媒体，微博等。公共空间通过这一介质效应，可以为不同背景、不同阶层的居民提供开展公共生活的渠道，充分抒发个人对社会的不同见解和意见，获得体现自我价值的平台和门路，从而形成统一或相似的舆论，潜移默化地促进居民的价值和社会的认同，达成"社区共同体"关系网络的形成和融合。

3）社区公共空间促进公共参与平台的建立

随着社区的建设发展过程，社区公共空间也成为居民公共意识和场所精神的培养平台，潜移默化的输出场所的"潜规则"。因此，社区公共空间不仅为"闲暇时间的非生

图2.5 社区公共空间的"非正规"种植

产性利用提供必要的物质支持",还建立起基本的公序良俗和道德标准,是一种体现出"社会正义"的公共产品。[114] 对于既有社区公共空间的治理,享受空间带给"公权"的同时必须与公共意识责任的"公利"相契合,从而强化成员基于惯习约定、规则条文基础上建立的信任、监督和自我控制关系,促进社区自治和民主的成长、壮大,增强社区公共参与的凝聚力和积极性。随着社区公共参与的良性循环体系建立,社区公共空间运营体系也会逐渐完善,既会作用在社区公共空间的内在运行的经济规律上,也会使外在载体的环境品质逐步提升。

2.3 "人口—空间"双更替下社区公共空间的适应性设计

2.3.1 社区公共空间改造中的问题反思

2019年以来,我国的老城旧改步伐日益加快。2020年7月,国务院办公厅印发《关于全面推进城镇老旧小区改造工作的指导意见》[115],建设规模和速度都达到了空前的程度,其中,社区公共空间的优化工作更成为改造的重点和难点。其问题归纳起来主要有以下几点:

1)社区公共空间秩序在改造中被简单化处理

在传统的公共空间中,场所的功能分布、形态布局都是与人的感知和行为模式相协调的,社会关系的亲密度持续而稳固,个体经常在内聚型小圈子与开放性大连接之间不断往复,形成了强关系与弱联系并存的格局,即扬·盖尔的理论中所说的"私密—半私密—半公共—公共"的层级结构,以适应不同个体不同的行为需求和心理需求。这种多层次的结构形态在社区改造中却容易被忽视,一般新建的公共场所的分界极为清晰,社区内的公共空间大多被门禁封闭起来与城市空间隔绝,阻碍了社区内外人们接触的机会,社区内公、私空间缺乏了过渡和灰色区域,割裂了多层次的城市公共空间结构,也无形间降低了公共空间的使用强度和频率,同时,在社区公共空间改造中普遍缺乏网络化布局思维,一般仅针对某个具体空间孤立地推敲其功能、形式、位置等,而较少考虑单个公共空间的缩减、重建、增建、扩大等对整个社区和城市的影响,特别是老城公共空间网络系统普遍存在连锁失效的问题,这些都造成部分社会性价值较高的社区公共空间不断被隐匿、压缩甚至消失。

2）缺乏对社区公共空间过程性和非正式行为的兼容性

老城社区公共空间经过长时间形成、变化、消失，是一个不断渐进更替的过程，也是一个具有"历时性"和"共时性"的场所，然而在我国大刀阔斧的社区改造过程中，公共空间由于建设方式和速度常常强调一步到位，比起过程更看重改造后的结果，公共空间的形态和功能经常被颠覆性改变，场所的自组织性能得不到发挥。同时，当前社区成员行为特征日益表现出个体化和个性化倾向，以"兴趣"为核心的非正式团体、社群不断增多，因而对社区多元活动和异质交往需求不断增强。然而现今常规的设计和改造中大多会以"容积率""绿地率""千人指标"等技术指标作为改造优劣的衡量标准，重量不重质的方式非常容易造成公共空间唯规模论、唯功能论和唯美观论的问题，这样的公共空间观赏性虽好，但实用性和参与度欠佳。在笔者的调研中发现，从表面上看，改造后的公共空间在形式选择上更为新颖，环境卫生上也更干净整洁，但与一些未被改造过的、自然形成的公共空间相比，部分老城社区居民特别是原住民仍然更愿意将后者公共空间作为日常活动的首要选择，而去新空间中的活动频次、强度明显较低。改造后的空间场域界限明显，却大大减少了随机性和非正式事件发生的契机。

3）新建的社区公共空间无法发挥应有功效

在社区公共空间的更新过程中随着发展需求会有大量新的功能形式空间出现，如大型卖场、艺术剧场、网红街区等，多以室内型公共活动为主，使社区成员的公共生活方式发生转型，例如，现代大型超市的采买频次明显少于社区内原有小规模杂货铺、小卖铺，多厅影院和健身房取代了部分露天场地。同时，这类新型空间又会催生出各种新生活模式和交往模式，比如快递、外卖、直播这种高度依赖于线上服务的功能提供的是受众面更广的"脱域性"公共生活，网红街区形成的是一种以"目的地"式经营为特征的商圈业态，消费人口的暴增导致地价租金上涨、售卖产品高度同质化，逐渐压缩社区内部的公益性服务内容，对社区公共空间的可持续发展产生了一定程度的影响。

4）目的导向的空间生成机制不适应社区发展趋势

在社区公共空间开发经常会以追求土地高流转效率和有限资源开发效益为目的。但是，社区公共空间还承载和维系着社区居民的社会关系网络，除了要满足一般的"吃住行游购娱"的需求，也是居民建立社会性组织、被赋予公共参与权利的重要场所。然而，现今社区改造普遍把老城社区中这种混杂、有趣和富有人情味的公共空间转变为缺乏个性的"通用空间"使用，忽视了社区多年形成的、相对稳定的社会关系，这说明仅仅用物质空间和经济空间来简单定义社区公共空间属性显然是有偏颇的。因此，社区公共空间应强调"非正式""第三空间"延续和补充的必要性和合理性，在公众参与的前提下应适当地强调"自下而上"，在改造决策的过程中需弹性地保持场所的冗余性。

5）管理制度与社区公共空间功能转型的匹配性欠佳

目前，社区公共空间从宏观到微观的城市管理制度出现断层。城市规划依照规范对公共空间容积率、规模、公共服务设施配置等指标进行限定，至于用地内空间的适应性则无法控制；城市设计可以成为平衡公私利益的有效控制手段，但设计止步于公共空间的外部形态和界面，城市空间和建筑之间的壁垒依然无法打破；至于建筑师依任务书完成的公共空间设计尽管也有很多取得成功的案例，但由于没有完善的普适机制，成果不具备可复制性，只能成为个案。同时，在用地管理规范中，土地分类标准的适应性欠缺。2012年以前，《城市用地分类与规划建设用地标准》GBJ 137-1990用地分类判定缺乏弹性，即一个用地代码对应一种土地用途，土地功能单一恒定且修改难度较高。2012年，《城市用地分类与规划建设用地标准》GB 50137-2011中赋予用地性质兼容性，但是由于只规定兼容地类类型而没有给出兼容地类的功能构成配比，在实施过程中还相当只能依靠主观判断或经验臆想，科学依据性不强。

2.3.2 多义性设计是对社区公共空间从理论到实践的提升

1）多义性理论发展是社区公共空间价值的重要体现

多义性的定义一般是指空间同一时段和不同时段的功能复合，同时还要具备改变为其他功能的潜质。以往对空间多义性的研究对象多为公共建筑本体，而对于处在城市复杂环境中的公共空间关注甚少。在对于社区公共空间的优化设计中，除了需要在满足多义性空间弹性和兼容的物理属性之外，应有意识的发掘出更多"共性"的多义性营造模式，适用于之后的社区公共空间设计参考。另外，多义性理论也应从社会学、历史学和美学等多角度来理解和表达公共空间的场所精神，平衡人们视觉、知觉感受到的动态延续性。通过借助特定场所、不同群体，积极引导、反馈空间评价，来满足居民对社区公共空间的"个性"诉求。

2）多义性设计链接和覆盖了社区公共空间时空演替的全过程

社区公共空间的整个生命周期中充满了变化和未知，或由于社会关系或是经济环境的重组，也可能来自于管理方或居民的需求而产生物理环境的更替。因此，社区公共空间对这种处在变化中的环境应做出实时回应。多义性设计就需协调在较长时间内社区公共空间的这种适应性，即是时空的弹性，动态平衡其需求、环境、制度等外在影响因素对空间使用效率、寿命、品质带来的利好与干扰，通过一系列渐进化、微干预的调整，为偶然的联系和偶然事件提供了可能，达成对社区公共空间未来的可持续发展产生深远影响。

3）多义性设计模式的建立可以重构社区公共空间网络系统

社区公共空间可以组成互为补充和反馈的关联性网络结构。某一类空间的变化均会引起整个社区公共空间系统的转变而使整个公共空间系统产生单个公共空间所不具备的"涌现"效应。社区公共空间是稳定与脆弱的统一体，某个公共空间的被破坏可能会引发整个空间网络的崩溃，而公共空间多义性模式的建立却能修正、调节、重构整个网络系统，这是达成系统稳定态的重要因素。因此，相对于孤立地研究单个类型社区公共空间如何发挥效能，以网络化的视角综合考量社区公共空间的混合发展、协同关系，构建社区公共空间多义性设计模式系统显得尤为重要。

2.4 本章小结

本章是本文的理论体系架构（图2.6）。主要阐述了西方社区理论由地域共同体发展到社会网络空间的过程，而我国社区有别于西方的政治制度和社会组织，在老城社区更新过程中呈现人口流动频繁与人口异质性、大规模破坏性结构开发等特点和问题。同时，公共空间理论研究也一方面呈现从行为主体的公共性向空间交往的日常性转向，另一方面从宏观到微观视角通过其主体性来生产和调整社会关系。作为社区的空间骨架和核心内容，公共空间承担着"人口—空间"的联系介质作用，"人口—空间"的多元异质、趣缘和去边界化对社区公共空间提出新的需求，而社区公共空间作为"人口—空间"的物质表征，应对社会网络融合、公共意识建立以及资本平台培育具有相应的意义反馈。在此基础上，通过梳理社区公共空间多义性产生的背景和理论基础，提出多义性设计模式是应对空间价值提升、改造周期覆盖和系统网络构建的有效手段。

01 演进：从地域到关系的社区理论发展

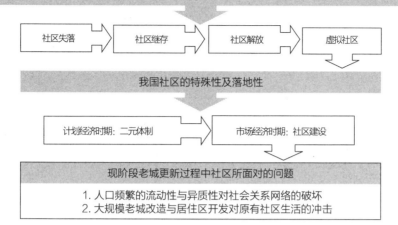

```
社区失落 → 社区继存 → 社区解放 → 虚拟社区
```

我国社区的特殊性及落地性

```
计划经济时期：二元体制 → 市场经济时期：社区建设
```

现阶段老城更新过程中社区所面对的问题
1. 人口频繁的流动性与异质性对社会关系网络的破坏
2. 大规模老城改造与居住区开发对原有社区生活的冲击

02 转变："人口—空间"双更替驱动下的社区公共空间转型

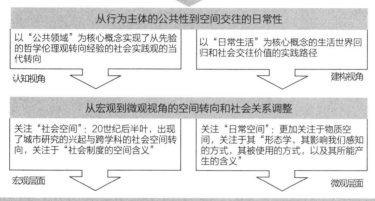

从行为主体的公共性到空间交往的日常性

以"公共领域"为核心概念实现了从先验的哲学伦理观转向经验的社会实践观的当代转向

以"日常生活"为核心概念的生活世界回归和社会交往价值的实践路径

认知视角　　　　　　　　　　　　　　建构视角

从宏观到微观视角的空间转向和社会关系调整

关注"社会空间"：20世纪后半叶，出现了城市研究的兴起与跨学科的社会空间转向，关注于"社会制度的空间含义"

关注"日常空间"：更加关注于物质空间，关注于其"形态学，其影响我们感知的方式，其被使用的方式，以及其所能产生的含义"

宏观层面　　　　　　　　　　　　　　微观层面

公共空间转型与"人口—空间"双更替的逻辑关联

"人口—空间"对于社区公共空间的重要影响
1. 异质化的社会构成对社区公共空间布局模式提出新要求
2. 脱域化的社会交往促进社区公共空间内外边界的整合
3. 趣缘化的社会关系对社区小微公共空间系统网络的维系

社区公共空间对于"人口—空间"的意义反馈
1. 社区公共空间是社会—空间双重转型的物质表现
2. 社区公共空间成为社会网络融合的介质
3. 社区公共空间促进公共参与平台的建立

03 适应："人口—空间"双更替下社区公共空间的适应性设计

社区公共空间改造价值判断标准的反思
1. 社区公共空间秩序在改造中被简单化处理　　　2. 缺乏对社区公共空间过程性和非正式行为的兼容性
3. 新建的社区公共空间无法发挥应有功效　　　　4. 目的导向的空间生成机制不适应社区发展趋势
5. 管理制度与社区公共空间功能转型的匹配性欠佳

多义性设计是对社区公共空间从理论到实践的提升

多义性理论发展是社区公共空间价值的重要体现

多义性设计链接和覆盖了社区公共空间时空演替的全过程

多义性设计模式的建立可以重构社区公共空间网络系统

图2.6　理论分析框架

第 **3** 章

社区人口社会关系
及日常活动特征

对西安市老城人口数据变迁进行整理和归纳，可以了解老城居民的人口演进情况和密度分布、年龄、受教育程度、收入等人口属性特点；对老城社区的主体生活方式、群体构成和社会关系的梳理，有助于厘清社区人口更替潜在的作用机制。

3.1 西安老城社区人口更替现状

3.1.1 历代西安人口演进

1．唐、宋时期

公元前11世纪至公元9世纪末，西安境内先后有周、秦、汉、唐等13个王朝在此建都。这一时期西安人口数量波动幅度剧烈。自唐太宗李世民起，我国就将"增户"或"减户"作为国家政绩、官员考核的重要内容，人口数量迅速回升。唐代长安城实际人口，据《大慈恩寺三藏法师传》卷九载，显庆元年（公元656年）四月，长安仕女观看玄奘迎接高宗御制碑典礼有百余万人。另据《韩昌黎全集·论今年权停选举状》称："今京师之人，不啻百万"[116]，大致也反映了长安城内的人口达到百万人以上的规模。公元742年，京兆府总人口减去100万人（长安、万年2县），县均户数为9879户，合计约59271户、32万人。按此推算，当时今西安境内人口约为132万人。到了北宋，历经五代十国时期的长期战乱，中后期虽然户数增长较快，但户均口数最高仅为2.3人，总人口比宋初约增长3.22倍，但仍较唐天宝元年下降53.2%[117]439，距离盛唐的规模相差较大。

2．明、清时期

明、清时期就可以看出西安老城现今发展的雏形。明代汉人治朝，西安府城内多为汉人聚居，并采取许多政策措施安置流民，随着开商通埠，城内也开始聚集部分做生意的回族人。至清1712年实行"摊丁入亩"的赋税改革，宣布以后"滋生人丁，永不加赋"，人口数量比历代显著增加。[117]441同时，满人开始在西安驻守并建立满城，汉、回、满族共同生活在西安城内。清同治年间，西安人口开始下降。据《咸宁长安两县续志》记载："邑内人口莫盛于道咸之际，同治寇乱肆行屠戮，户口锐减，光绪年虽稍生聚而视前则相差尚巨"，在陕西地区发生了清廷镇压回民起义事件和开始出现连年灾荒，使西安市境内人口急剧下降。[118]至光绪1907年，仅存37万人，下降44.9%。

3. 民国时期

民国年间西安市的人口从户数、人口规模看，呈上升趋势。据《续修陕西通志稿》称："市区有人口8.3万人左右。西安人口在民国中期以后，呈稳定增长态势。以陇海铁路通车西安和抗日战争爆发为标志，西安人口出现首次大增长。[119]关中地区未经直接战争破坏，再加上陇海铁路修通，增进了西安的经济发展，抗日战争爆发，西安迁入人口激增。民国25年（1936年）底，省会人口突破20万，民国27年（1938年）达到25万人，较清末增长1.94倍，民国33年（1944年）西安市政区扩大后，到民国35年（1946年），全市人口突破50万。[120]民国36年（1947年）突破60万，较清末增长6.5倍，1949年，因临近解放，原驻西安的国民党军政人员及其家属纷纷撤离，总人口降为59万人，较上一年减少5.2%"。但民国时期的人口统计整体比较混乱。[121]正如《十年来之陕西经济》（陕西省银行经济研究室特刊，1942）中所说："陕西人口素乏精密统计。自清末民初起，每年数字各异，且多不可信"[119]227。

4. 新中国成立后至今

新中国成立后西安人口发展经历了四个阶段：一是高速增长阶段（1949—1960年），西安是国家重点建设的工业基地之一，新建工厂和内迁企业吸收了大批本地和外地职工，至1960年全市人口增长139万人，达到367万人[122]2095；二是增幅减缓阶段（1961—1973年），三年困难时期人口增长明显趋缓，其后不少工厂和工程停工，大中学校学生到农村插队，机关干部下放劳动，致使人口迁移增长出现负数[122]2095；三是稳定增长阶段（1974—1990年），这一阶段，由于推行计划生育，人口出生率下降，加之迁移增长较少，至1984年全市总人口545万人[117]445。四是快速增长阶段（1990年—至今），改革开放以后，大量企业、工厂由外地迁入，1990年，总人口达609万人。近些年，西安实施的人口红利政策留住和引入大批高校学生，再加上放开二胎生育计划，全市人口出现较快增长的局面，至2019年，西安人口已突破千万。

值得一提的是，在新中国成立后70余年中，新城、碑林、莲湖三城区人口高速增长，幅度远大于郊区、属县和全市平均增幅。增幅最高年份集中于20世纪50年代和60年代前期。但到了"文化大革命"时期，城区人口出现反常性减少，10年间共有7个年份出现负增长。1972年略有回升，1975—1976年再次回落。此后14年中，人口持续稳定增长，除1980年出现6%负增长外，大体保持年增1%—3%的水平。1990年城区人口总量144万人，为1949年的7.79倍。城区人口占全市人口总量的比例，清晰反映出西安人口向中心区域集中的特点。

3.1.2 老城社区人口规模和密度

新中国成立以后，我国人口制度是以"市辖区—街道办—社区"层层下放的管理模式。本文的研究对象为西安老城社区，该研究范围隶属于三个城市辖区，分别是莲湖区、碑林区和新城区（图3.1、图3.2）。

根据人口六普数据，西安老城范围总用地11.04平方公里，总人口343517人，对比2000年增幅为16.3%。

西安地处寒冷地区b区，老城隶属于73个社区管理（图3.2），平均社区人口规模在0.7万—1.4万人之间，对照《城市居住区规划设计标准》GB 50180—2018中人均居住用

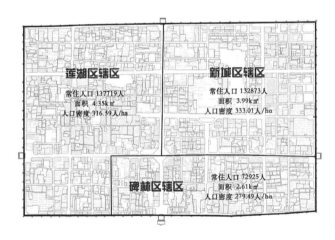

图3.1　西安老城行政辖区图

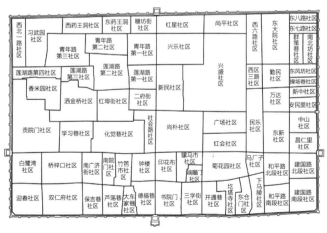

图3.2　西安老城社区分布图

"人口—空间"双更替的西安老城社区公共空间设计模式

地的要求（表3.1），在设计时应重点参考"10分钟"和"5分钟"的指标。因此，本章节将以社区为空间单元，来描述老城区的微观层面居住人口密度现状。73个社区人口密度存在较大落差，笔者以老城平均人口密度307人/ha为参量，来进行73个社区的人口密度比较（表3.2）。

城市居住区规划设计规范人口规模和用地参考标准　　　　表3.1

指标 ＼ 类型	规模（人）	层数类别	人均用地面积（㎡/人）
15分钟生活圈	5-10万人	多层I类	38-51
		多层II类	33-41
		高层	27-36
10分钟生活圈	1.5-2.5万人	低层	45-51
		多层I类	33-44
		多层II类	28-33
		高层I类	22-28
5分钟生活圈	0.5-1.2万人	低层	43-47
		多层I类	31-40
		多层II类	25-29
		高层I类	19-25

资料来源：《城市居住区规划设计标准》GB 50180-2018

西安老城社区辖区人口统计表　　　　表3.2

辖区	街道(人)	社区名称	人口规模（人）		社区规模（ha）	人口密度（人/ha）	
新城区	西一路街道办（51889）	*红星社区	7167		15.75	455.05	
			5939（2000年）	8013（2019年）		377.08（2000年）	508.76（2019年）
		尚平社区	4913		14.36	467.48	
		兴乐社区	8934		26.42	345.72	
		*新民社区	5629		22.56	249.51	
			6670（2000年）	6727（2019年）		295.66（2000年）	298.18（2019年）
		*兴盛社区	5902		17.22	342.74	
			5301（2000年）	7747（2019年）		311.45（2000年）	449.88（2019年）
		尚朴社区	7815		35.52	221.99	
		广场社区	7927		16.58	484.14	
		红会社区	3602		14 60	265.21	

辖区	街道(人)	社区名称	人口规模（人）		社区规模（ha）	人口密度（人/ha）	
新城区	解放门街道办（31684）	西六路社区	7087		13.99	506.58	
		东大院社区	8003		25.13	318.46	
		东八路社区	3467		4.99	694.79	
		东七路社区	3405		4.96	686.49	
		群策巷社区	5169		7.46	692.90	
		南北坊社区	4553		7.41	614.44	
	中山门街道办（49300）	西区三路社区	4346		7.09	612.98	
		勤民社区	3618		11.52	314.06	
		东风坊社区	4836		6.39	756.81	
		操场巷社区	2272		4.62	491.77	
		民乐社区	7265		27.44	264.76	
		*万达社区	3920		11.61	337.64	
			3033（2000年）	4858（2019年）		261.24（2000年）	418.43（2019年）
		东新社区	4875		19.30	252.59	
		新中社区	2657		5.19	511.95	
		安民里社区	5132		7.05	727.94	
		中山社区	7080		9.98	709.42	
碑林区	南院门街道办（22976）	南广济街社区	3616		11.80	306.44	
		南院门社区	1977		7.58	260.82	
		*竹笆市社区	2568		9.54	269.18	
			2041（2000年）	3596（2019年）		213.94（2000年）	376.94（2019年）
		*钟楼社区	2146		12.16	151.81	
			1942（2000年）	3940（2019年）		159.70（2000年）	324.01（2019年）
		保吉巷社区	1624		11.56	140.48	
		芦荡巷社区	2365		10.88	217.37	
		大车家巷社区	818		6.58	124.32	
		德福巷社区	2402		12.74	188.54	
		印花布园社区	2130		11.13	191.37	
		书院门社区	3630		15.92	228.02	

辖区	街道(人)	社区名称	人口规模（人）		社区规模（ha）	人口密度（人/ha）	
碑林区	柏树林街道办（49949）	骡马市社区	1370		9.34	146.68	
		*端履门社区	2805		4.78	586.82	
			1992（2000年）	4346（2019年）		409.03（2000年）	909.21（2019年）
		*三学街社区	3251		12.04	270.02	
			3024（2000年）	4483（2019年）		251.16（2000年）	372.34（2019年）
		菊花园社区	5091		22.39	227.38	
		马厂子社区	2945		6.64	443.52	
		*开通巷社区	5110		12.43	411.10	
			4729（2000年）	5723（2019年）		384.47（2000年）	460.42（2019年）
		圪塔寺社区	3378		9.13	369.99	
		*东仓门社区	4218		9.19	458.98	
			3720（2000年）	5319（2019年）		404.79（2000年）	578.78（2019年）
		下马陵社区	2920		9.59	304.48	
		和平路北段社区	4203		14.61	287.68	
		和平路南殷社区	5428		12.65	429.09	
		*建国路北段社区	4304		12.31	349.63	
			3892（2000年）	4280（2019年）		316.16（2000年）	347.68（2019年）
		建国路南段社区	4926		16.14	305.20	
莲湖区	北院门街道办（79871）	白鹭湾社区	9201		16.48	558.31	
		迎春社区	6369		17.13	371.80	
		*桥梓口社区	6655		22.63	294.08	
			6042（2000年）	9155（2019年）		266.99（2000年）	404.55（2019年）
		双仁府社区	9846		22.80	431.84	
		社会路社区	2097		10.99	190.81	
		化觉巷社区	5040		30.50	165.25	
		学习巷社区	8103		18.56	436.58	
		贡院门社区	11315		45.52	248.57	
		二府街社区	4211		10.43	403.74	
		红埠街社区	7153		19.29	370.81	
		酒金桥社区	6063		26.62	227.76	
		香米园社区	3818		16.37	233.23	

辖区	街道（人）	社区名称	人口规模（人）	社区规模（ha）	人口密度（人/ha）
莲湖区	青年路街道办（57848）	莲湖路第一社区	4675	12.39	377.32
		莲湖路第二社区	6624	23.32	284.05
		莲湖路第三社区	5521	10.83	509.79
		莲湖路第四社区	4162	9.97	417.45
		青年路第一社区	5298	17.76	298.31
		青年路第二社区	5065	15.86	319.36
		青年路第三社区	8724	23.84	365.94
		糖坊街社区	2827	8.35	338.56
		东药王洞社区	2579	8.99	286.87
		西药王洞社区	4057	12.17	333.36
		习武园社区	5181	23.02	225.07
		西北一路社区	3135	11.83	265.00
总计			343517	1104.49	311.15

注：本表所选用标准数据为六普数据，标注 * 的为研究样本，对比数据中（2000 年）为 2000 年人口数据，（2019 年）为 2019 年人口数据。

据上，可以看出西安老城区内人口聚集呈现以下特点：

（1）老城区人口密度数据区间浮动较大，且这一差异随着土地功能转型、区位价值上升和人口流动的原因被进一步扩大。

（2）老城中部的人口密度偏低。一是在四府街以东，安居巷以西，南到城墙，北到庙后街这一范围内，这一区域内是城内政治、金融、商业用地的聚集地；二是在解放路以东，尚俭路以西，南至五路口，北至城墙这一范围，这一区域是由于火车站周边地段的商业开发导致。

（3）老城内中东部和东南部的人口密度最高。中东部呈现高密度状态是由于这一带涵盖西安两个传统历史街区，大量居民生活在低层、高密的传统街坊社区中，以亲缘性聚居为主；而东南部居住密度较高的原因是这一片区是原先棚户区就地拆迁安置区，人均建设标准较低，改造之后依然呈现高密度状态。

3.1.3 老城社区人口结构

1. 自然结构

1) 年龄结构

年龄决定着人口在城市生活和融入的成本和需求问题。据五普、六普数据对比（表3.3、图3.3）表明，西安老城区人口年龄构成基本稳定。0—14岁人口比例从16%降至10%，由于老城内教育资源发展有限，再加上老城区改造力度较大，许多适龄儿童家庭纷纷选择在老城外择校；15—64岁人口比例从73%增至77%，城内外中青年迁移人口和流动人口较平衡，根据调研，在25—35岁这个年龄段，老城内流动人口占比较大，而40岁以后的中壮年，生活较为稳定，流动性相对较低；65岁及以上人口比例从11%增至13%，老年人口数量和比例在不断增长，且远高于老年化标准（60岁≥10%，或65岁≥7%）和西安的老龄化率（8.46%）。

西安老城人口年龄构成表　　　　　　表3.3

街道办	0-14岁（人）		15-65岁（人）		65岁及以上（人）	
	五普	六普	五普	六普	五普	六普
西一路街道办	2822	5296	15098	39922	2151	6671
解放门街道办	2373	3774	10062	24066	1719	3844
中山门街道办	3548	4019	15812	38749	2461	6532
南院门街道办	2160	2478	9808	17745	1479	2753
柏树林街道办	5277	5197	25105	37451	4067	7301
北院门街道办	3388	8556	14198	61879	1791	9436
青年路街道办	9275	6255	43765	43037	6857	8556
总计	28843	35575	133848	262849	20525	45093

2) 性别构成

性别决定着男女两性不同的角色和需求，影响着经济和生活的方方面面。从2000年到2010年，西安老城区男女性别比基本维持在1∶1（表3.4、图3.4），但通过调查问卷的统计结果发现参与调查的流动人口男性公民与女性公民性别比为5∶2，即老城区流动人口男性公民数量远大于女性。

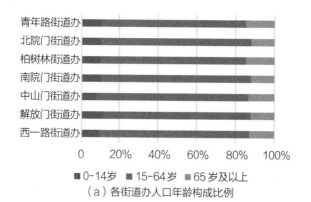

（a）各街道办人口年龄构成比例
■0-14岁　■15-64岁　■65岁及以上

（b）老城人口年龄构成比例
■0-14岁　■14-64岁　■65岁及以上

图3.3　年龄构成

西安老城人口性别构成表　　　　　　　表3.4

街道办	男性（人）		女性（人）	
	五普	六普	五普	六普
西一路街道办	10558	25733	9513	26156
解放门街道办	7027	15526	7127	16158
中山门街道办	10756	24572	11065	24728
南院门街道办	6639	11176	6808	11800
柏树林街道办	17699	24643	16750	25306
北院门街道办	9783	39362	9594	40509
青年路街道办	29710	28208	30187	29640
总计	92172	169220	91044	174297

2．社会结构

1）受教育程度

受教育程度特别是受高等教育程度与地区文化、经济的可持续发展关系越来越密切。在老城区内，高中（含中专）以下学历占比64%；大学（含大专）以上文化程度占比34%，优于西安六普数据的22%；常住人口中，文盲人口为2%，和西安平均文盲率持平，低于全国2个百分点（见图3.5）。研究表明人口素质在人口更替过程中逐步提升。西安老城汇聚着丰富的文化资源和创业机会，政府利用各种人口政策吸纳了大批高学历人才落脚，为老城未来的稳步发展奠定了有利基础。但受教育程度依旧以高中（含中

"人口—空间"双更替的西安老城社区公共空间设计模式

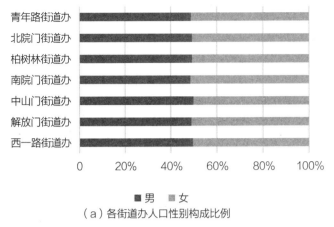

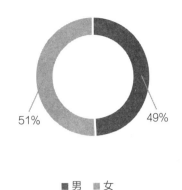

（a）各街道办人口性别构成比例 　　　　　　（b）老城人口性别构成比例

图3.4　性别构成

专）以下学历为主，这与老城内人口构成和职业关联度较大，人口素质提升潜力较大。

2）职业结构

职业性质可以反映出社会生产力发展水平和社会分工状况，是研究西安老城经济结构的重要内容。在调研中（图3.6），全职工作人员占比最大，约为46%，工作状态稳定，工作时间为朝九晚五和适度自由，人员多为上班族和务工人员；由于老城内退休人员基数较大，且部分流动务工人员家属无工作，因此有约34%人员白日在家；值得注意的是，老城内有21%的人员由于职业性质的原因下班时间较晚，在对社区公共空间使用度考量时也需要将这一部分人员的需求纳入进去。

3）个人收入

个人收入是衡量人口消费能力和购买能力的指标，也预示了未来人口对于商品、服务、环境品质等需求的变化。通过对老城社区个人收入的调查显示（图3.7），收入在1500-5000元／月占到53%，多为进城务工人员、自由职业者、退休职工为主；收入在5000-10000元／月占17%，多为企业人员和公职人员；10000元以上／月的高收入人群在老城内仅占7%，提升空间很大；同时还有约为13%的

图3.5　受教育程度构成

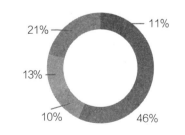

图3.6　职业结构构成

居民存在无收入的状况，多为待业青年、全职主妇和老年人群，生活压力较大。可以看出，老城居民收入水平相较于西安城区其他片区偏低，亟需整体提升。

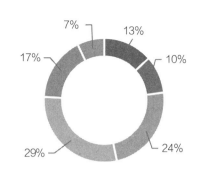

图3.7　个人收入构成

3.1.4　老城社区人口更替特征

1．老城社区人口流动趋势明显，中青年人口和老年人口比例呈现双上升趋势，其空间需求不容小觑

西安作为西北地区唯一的中心城市，明显呈现出大城市的集聚效应，近些年由于政府加大对人口政策、经济政策的引导扶持，使得西安人口流入现象明显，多为周边区县和省份的外来务工人员。据六普数据统计，西安老城社区中青年人口比例也在逐步上升，特别是25-35岁这个年龄段的人口，调查数据表明高达75%的人口以租房的形式生活在老城中。而占比较大的老年人多为西安老城原住民，他们的居住稳定性和归属感较强，在满足基本的生活所需后，他们更渴望社区公共空间能够提供适合他们的公共设施和社区活动。

2．老城社区人口受教育程度和收入情况随着老城产业结构的更替有所提高，远期发展潜力较大

西安老城内交通便利，但空间发展受限，环境老旧，很多事业、企业单位多外迁至城外，因此在西安老城工作、生活的居民职业主要以商业和服务业为主，要求学历并不高，收入差异较大，但总体偏低。但随着老城改造的发展，产业结构和空间质量也在进一步提升，开始引入一些文创、旅游、轻办公等新型产业，吸引大量高素质市民来此定居、工作，他们具有较高的空间能动力量和资金运作能力，为老城公共空间的优化带来新的契机。

3．老城社区人口家庭构成中核心户对空间品质提升需求增强，空巢化和流动性的独居人员数量逐年增加

不同家庭结构影响着对外在环境的要求，对老城居民来说，核心户居住状况相对稳定，对社区公共空间提供的附加服务、环境品质要求最高，且对诸如育儿、健身等特定功能有着强烈诉求。同时，空巢化是西安老城老龄化发展的一显著特点，老城内的老年人普遍文化程度低、观念较为保守，在公共空间优化中他们相应的适老化需求也应有所涉及。此外，由于在老城占到将近一半的租房人员中以青年人为主，对亲缘、地缘依赖弱，流动性较高，独居人员数量也在增加。

4．老城社区人口工作性质的多元导致居民闲暇时间和空间诉求差异拉大

伴随着科技的发展和时代的进步，不同于传统的朝九晚五工作时限，SOHO办公、网络电商、在线教育等工作性质的演变，使得拥有适度自由闲暇时间的居民变多，这都要求社区公共空间尽可能具备更多的功能和更强的适应性。同时，各年龄段居民闲暇时间对公共空间需求也有所不同，低于25岁的年轻人，忙于学业或初入职场，闲暇时间有限，接受新鲜事物能力强，对公共空间的教育和娱乐功能较为看重；25岁至60岁的大部分居民闲暇时间稳定，对公共空间升级意愿最为强烈，健身、亲子活动、智能化服务更受他们追捧；60岁以上的老年人闲暇时间居多，对室外环境的适老化改造较为关注。

3.2 西安老城社区人口社会关系构成

3.2.1 主体生活方式

1．家庭结构

家庭是最基础、最小型的经济单元和社会组织。新中国成立后我国人口以多代共居的方式数量迅速增长。1959年，西安家庭人口规模达到了高峰5.74人。直到1978年后国家实施了计划生育调控政策，人口增长趋势才得以抑制。同时，人们的家庭结构也开始发生变化：多代共居的家庭结构转向代际分离，小家庭开始独立成户。2000年后三代、四代同堂的大家庭数量锐减，核心家庭成为主要的家庭结构构成，家庭人口规模也相应地下降到2.95人，家庭成员关系变得简单化（表3.5、图3.8），住宅建设量也不断增长，两室、三室户型的发展成为新世纪住宅的趋势，这也是适应当代家庭生活的必然。

西安城镇居民家庭信息统计表 表3.5

时期	平均家庭户规模（人／户）	主要家庭结构类型
新中国成立前		
明清时期	–	联合家庭
民国时期	5.03	联合家庭
1949–1990年计划经济时期		
1949–1952年经济恢复期	5.03	联合家庭

时期	平均家庭户规模（人／户）	主要家庭结构类型
1953–1957年"一五"计划期	5.19	联合家庭
1958–1962年"二五"计划期	5.16	联合家庭
1963–1965年国民经济调整期	5.35	联合家庭
1966–1976年文化大革命期	4.93	联合家庭
1976–1980年"五五"计划期	4.65	主干家庭
1981–1985年"六五"计划期	4.21	主干家庭
1986–1990年"七五"计划期	3.91	主干家庭
1991年至今市场经济时期		
1991–1995年"八五"计划期	3.79	核心家庭
1996–2000年"九五"计划期	2.99	核心家庭
2000–2019年	2.95	核心家庭

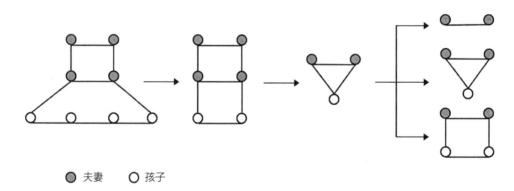

● 夫妻　○ 孩子

图3.8　西安家庭结构变化图示

　　调查问卷显示（图3.9），西安老城家庭构成主要以夫妇二人和两代同居为主，合计占到55%；三代同堂占16%，由于调查地段地处老城区，居住条件和空间有限，三代同堂比例明显高于其他区域；独自居住占22%，主要以就近单身青年、务工人员和独居老人为主；其他居住状况包括和同事或同乡一起居住等，占7%，这就说明老城区有29%的居民处于和其他家人分开居住的状态下。同时，笔者也统计了自主和租住的比例，为1.2∶1，说明将近二分之一的居民选择以租住的形式生活在老城区。

2．生活形式

　　生活形式直接反映了社区居民的工作和交往能力。建国后到改革开放前，这一时期西安城镇居民的社区生活基本属于匮乏时期，形成了以单位大院为活动范围，以工作关

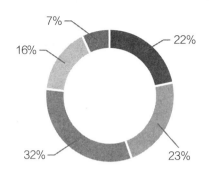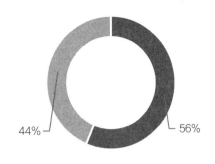

■独自居住 ■夫妇二人 ■两代同居 ■三代同堂 ■其他   ■自住   ■租住
（a）居住状况构成比例   （b）自主/租住构成比例

图3.9 居住主体构成

系为交往核心的生活方式，商业、娱乐等休闲活动单一。改革开放以后，生产力迅速提高，居民消费水平显著提高，人们逐渐从劳动时间中解放出来，有了更多的闲暇与可支配时间，生活品质也随之不断提高和外扩。可以看出，西安居民生活形式改善经历了对立—共存—融合的过程转变（表3.6）。

西安城镇居民生活形式统计 　　　　　　　　　　　表3.6

时期	生活条件	生活类型	生活形式
1950-1990年计划经济时期			
1949-1952年经济恢复期	配给制	生存型	工作交往
1953-1957年"一五"计划期	配给制	生存型	工作交往
1958-1962年"二五"计划期	配给制	生存型	工作交往
1963-1965年国民经济调整期	配给制	生存型	工作交往
1966-1976年文化大革命期	配给制	生存型	工作交往
1976-1980年"五五"计划期	配给制	生存型	工作交往
1981-1985年"六五"计划期	配给制	生活型	工作交往
1986-1990年"七五"计划期	配给制	生活型	工作交往
1991年至今市场经济时期			
1991-1995年"八五"计划期	自由消费	生活型	自由交往
1996-2000年"九五"计划期	自由消费	生活型	自由交往
2000年至今	自由消费	享受型	自由交往

在对老城社区人口工作状态的调查中（图3.10），可以看出，除去21%的退休人群，老城中居民工作状态呈现两级化分布：一方面，36%的社区居民工作形式相对自由，其中原因既有老城中择业类别丰富的原因，特别是从事商业经营者人数众多，其工作时间相对灵活，同时随着互联网经济的发展，职业分工进一步细化，出现了一些例如直播、博主、线上客服等新型行业，其工作地点、途径变得更加丰富，逐渐与家庭生活相融合；另一方面，43%的社区居民工作形式较单一，

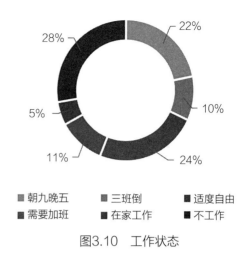

图3.10　工作状态

■ 朝九晚五　■ 三班倒　■ 适度自由
■ 需要加班　■ 在家工作　■ 不工作

其中11%的居民甚至处在常年需要加班的工作状态，这部分人群普遍收入和学历较高，对生活品质尤为看重，会希望利用宝贵的闲暇时间进行高质量的生活体验。

3．生活观念

生活观念是社区居民家庭、工作、休闲行为的状态指引和精神支柱，其形成、发展和定型的过程是随着社会经济发展和历史沉淀共同完成的。新中国成立初期，社区居民从温饱走向务实，又逐渐走向舒适的小康生活，对自身生活的观念也在随之变化，在社区环境中，居民从能单纯提供遮风挡雨的住所到有基本生活保障的基础配备，提供交流、集聚功能的社区中心到场所的灵活化与智能化要求，以及面对未来的生态、健康、韧性等要求，这都是由物质空间到精神世界的过渡（图3.11）。

相较于城外，西安老城社区居民的生活观念较为务实和保守，调查中大幅占比

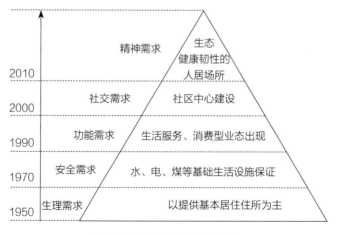

图3.11　社区生活观念发展

"人口—空间"双更替的西安老城社区公共空间设计模式

前三位的分别是追求财富（29%）、健康养生（20%）和节约经济（18%），可以看出（图3.12），老城居民思想观念普遍还处在需求链中的末端，这也和老城居民老年人口多、受教育程度普遍不高、个人收入情况偏低的实际情况相关。值得注意的是，由于老城中存在部分原住民及其家族靠拆迁所得过活，以及时享乐为人生信条，对资本的风险性和未来可持续发展考虑较少，缺乏对生活的长远打算。另外，近年来随着大量高质素人口的迁入，他们远大的职业规划、开放的社交氛围和良好的生活理念也会对老城的固有思想产生不小冲击。

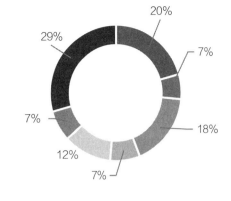

■ 健康养生 ■ 绿色环保 ■ 节约经济 ■ 圈层拓展
■ 及时享乐 ■ 职业抱负 ■ 追求财富

图3.12　生活观念构成

3.2.2 群体作用机制

西安老城社区主要由七类群体构成：单位原住群体、安置原住群体、独居老年群体、工作居住群体、就学租住群体、经营创业群体、外来务工群体。各群体生活特征如下（表3.7）：

西安老城社区群体生活特征　　　　　　　　　　表3.7

社区群体	居住属性	家庭结构	居住缘由	生活来源	生活条件	生活形式	邻里交往
单位原住群体	固定/内生	主干/核心	分配/工作	工资	一般	工作/休闲	频繁
安置原住群体	固定/内生	核心/隔代	分配	工资/低保金	一般	工作/休闲	频繁
独居老年群体	固定/内生	空巢/核心	分配/工作	退休金/赡养费	差	养老	一般
工作居住群体	半固定/外来	独居/核心	工作	工资	高	工作/休闲	一般
就学居住群体	半固定/外来	隔代/核心	求学	工资/父母	一般	学习	无
经营创业群体	半固定/外来	主干/核心	工作	利润	高	工作/休闲	一般
外来务工群体	流动/外来	独居/核心	工作	工资	差	工作	无

西安老城社区主要存在着上述七类群体共同生活在老城中，他们之中既有祖祖辈辈在此生活的内生群体，也有求学、工作的外来群体，自然选择了老城中不同区域的社区生活，呈现"同质"的人群聚集和"异质"的人群分隔的现象，这种现象被称作"空间分异"。对于西安老城的社区群体而言，影响其定居、择居、移居的原因主要有以下几点（图3.13）：

1．政策调控

20世纪80年代，西安城市建设实行"先生产、后生活"的政策引导，社区建设隶属于工业的发展，形成统一分配制度下的"职住一体"结构，在西安老城中，也存在着许多这种"单位大院"，"院里"的居民没有特殊化的阶级特权，群体关系相对稳定和封闭，交往频繁。1998年，随着住房货币化分配制度的改革，住宅变为了一种特殊的商品。相应的住房供应体系也由市场价指导下为高收入群体提供商品房，政府限价制度下为中低收入群体提供的经济适用房，以及由政府财政补贴下为最低收入群体提供的廉租住房三个部分组成。[123]这种住房供应体系虽然体现出"居者有其屋"的社会政策调控手段，但是在结果上却进一步加剧了居住空间的分异，人与人、群体与群体之间的社会距离被明显强化。

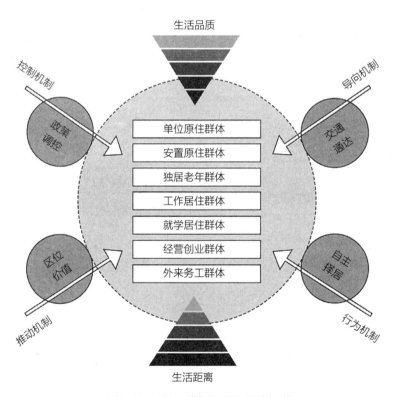

图3.13　社区群体构成及影响机制

2．区位价值

城市区位是市场规律下土地价值的直接反馈，体现了城市地价的空间经济递减规律，地租价值能力高的服务业和商业占据了较好的区位，向外依次布局居民区、工业区。西安老城地处市中心区，在城市更新的过程中，由于基础设施配置、商业购物中心的建设，地价迅速提升带动住房价格上涨。土地的有偿化使用也促使西安老城内原先许多企业、单位搬迁至城外，转而开发为商业中心和商品住宅。这种区位选择模式提供给市场更多的选择可能，也无形中成为空间分异的潜在因素：根据群体的文化与收入水平差异筛选出不同的消费群体。房屋售价和租金很大程度上影响了住所的区位选择，部分原住民家庭由于无力负担老城内高昂的房价，被迫迁往城外和城郊。

3．交通通达

交通技术的更新压缩了城市的时空距离，居民可以在更大范围内自由择居。在现代交通高度发达的社会中，私家车的普及，再加上公交、地铁、BRT和共享单车的无缝换乘，降低了远距离带来的空间制约和时间成本。人们可以在较短的时间内达成对城市的穿越，也无形中增加了居民区位选择的能力。对于西安老城区来说，一方面中心区交通对城市的高连通性吸引着四面八方的人群在此聚集，这种高流量、高频率的交互路径恰恰达成了信息流的快速传播，也吸引了部分创业者、经营群体入驻老城社区；另一方面，西安"摊大饼"式的城市结构在饱和的交通运力下必然会导致老城陷入拥挤、阻塞的境地，与现代"职住分离"工作模式所需的高效、省时相背离，再加上老城社区普遍设施陈旧过时、环境品质低下，这些都会导致部分非城内工作、学习经营的居住群体离开。

4．自主择居

择居行为的市场化，使不同家庭、职业、收入的群体在选择住所时更具自主性，呈现出居民选择意愿和定居行为上的多样性与复杂性，这种择居行为可分为主动迁移和被动迁移。主动迁移是居民对住房的偏好选择，在调查西安老城的择居原因时笔者发现，西安年轻人往往会因为老城房租低廉、交通便利、夜生活丰富、中心地带等原因在此租房；而已婚有孩子后的家庭就经常会因为西安老城学校密集的优势进行迁居，在学区附近寻找面积宽裕、方便日常买菜的住所陪读；老年人特别是子女不在身边的老年人在择居时非常注重持续、稳固的邻里关系，喜欢靠近公园绿地方便锻炼，对医疗卫生设施尤为在意，调查中具备这些条件的西安老城社区，老龄人口的迁居量极小。这些特点也显著反映出家庭生命周期的不同阶段。而被动迁移则是由于在西安老城几次"推倒式"的改造中对部分住房进行拆迁，按照实时价格补偿或异地安置，改造后房屋增值而居民无能力回购造成的，成为老城社区"绅士化"的典型表征。

3.2.3 社会关系组织

在社会关系组织构建中主要有四个基本要素：主体、场所、事件和空间。通常来说，社区居民的日常活动需求可以作为触发点进行地段社会关系网络组织，通过建立以社区居民为核心的社会关系网络，引发相应空间或事件的改造契机，从而带动关系群体的需求提升。

在社会关系发展的延续性方面，西安老城社区中以血缘和家族为联系的亲缘关系和邻里关系同过去相比，其重要性有所下降，但在居民的情感支持中仍起着重要的作用。与此相对，后天建立的关系纽带如地缘关系、业缘关系则已经成为居民社会关系体系中的主体并持续得到强化，而且随着时代的发展，趣缘关系也开始进入社区关系媒介中并呈现出混合并生的状态，可以说，社区整体的社会关系组织越来越趋向于开放与异质性发展（表3.8）。

西安老城社区社会关系发展及特点 表3.8

关系类型	关系主体	关系性质	关系强度	关系发展	关系范围	关系网络	关系特点
血缘关系	家人	同质性	强关系	延续	小范围	情感网络	内向型导向
	亲戚	同质性	强关系	弱化	小范围	物质网络/情感网络	内向型导向
	家族	同质性	强关系	弱化	小范围	物质网络	内向型导向
地缘关系	邻居	同质性	强关系	延续	小范围	物质网络/情感网络	内向型导向
	业主	同质性	弱关系	弱化	小范围	物质网络/信息网络	开放型导向
业缘关系	同事	异质性	弱关系	延续	大范围	物质网络/信息网络	内向型导向
	同伙人	异质性	强关系	强化	大范围	物质网络/信息网络	开放型导向
趣缘关系	朋友	异质性	强关系	延续	大范围	情感网络/物质网络/信息网络	开放型导向
	同学	异质性	强关系	延续	小范围	情感网络/物质网络/信息网络	内向型导向
	社团	异质性	弱关系	强化	大范围	物质网络/信息网络	开放型导向

"人口—空间"双更替的西安老城社区公共空间设计模式

在当前的西安老城社区社会关系组织中，笔者分别按关系系统的亲疏属性和供求属性对社会关系进行划分。

根据亲疏程度可将社会关系分为核心关系、目的关系和随机关系（图3.14）：核心关系群体的需求相对明确，很注重社区场所的物质性需求和邻里之间的交往性需求；目的关系群体和核心关系群体发生直接性交集，以共居、买卖、交流等活动形成行为共同体，共同体内核稳定，日常生活规律性较强，部分经营者掌握一定技能和资金，对所居场所有改造意愿但不知如何适从，希望借助区位优势和产品特色吸引政府机构或投资者来改变其自身生活环境；随机关系群体由外部环境和场地属性形成不同程度的吸引力，更关注劳动岗位的提供和街道、公共环境的改造，这部分人群普遍对场地前景持乐观态度且能动性较强。

根据供求属性可将社会关系分为共居关系、消费关系和经营关系（图3.15）：共居关系发生于熟人社会，主要是以血缘、地缘为联系的日常行为；消费关系建立在物质交换的基础上，不仅是物品的消费，更是区位和空间的消费，这一关系中最易产生关系的突变进而成为空间更新的契机和触媒点；经营关系是一种成熟的引导行为，依据市场开发的需要和开发地段的特色，引导不同的改造主体选择契合自身诉求同时又符合社区更新要求的改造方式。综上，前两者关系是老城社区更新所服务的主体，后者是老城社区复兴建设的主体。

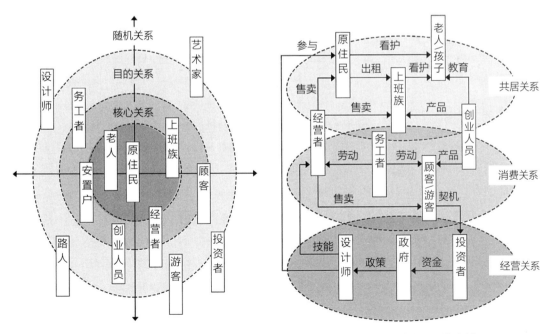

图3.14　西安老城社区亲疏关系图示　　　　图3.15　西安老城社区供求关系图示

3.2.4 西安老城社会关系转变特征

1．老城社区主体思想观念还较为保守，但随着生产力的提升，其家庭结构、生活条件和交往途径变得愈加灵活多样

城市化进程的加快改变了城市居民的生活习惯，老城社区的家庭结构由家族聚集转变为独立分户，空巢家庭的上升趋势与中国传统养老观念发生碰撞。随着社会开放度的提升和老城优势资源的吸引导致外来务工、求学等人口不断涌入，居民工作与生活结合得更加紧密，普遍具有追求财富与健康、节俭的生活诉求，并开始重新重视邻里交往带来的幸福感。

2．老城社区群体从过往的熟人社会转向生人社会，呈现出内生聚集和外在分异并存的状态

相比过去统一分配、同质共融的住房体系发展，市场经济下住房的商品制度转型、区位的土地溢价、交通的高效联通和家庭住房的自主选择都会导致社区的空间分异现象，在历史发展周期较长的西安老城社区尤为明显，随着社区原住民群体内向封闭和"新移民"群体流动疏离的两极化发展，进一步加剧了老城社区居住隔离、阶层矛盾、空间剥夺等问题。

3．老城社区的社会关系组织朝着复杂性构成、异质性强化的方向发展，并逐渐形成共居、共营的良性循环

西安老城的社会关系组织具有小世界的典型特征，血缘、地缘关系中以延续性同质连接为主，异质性较高的业缘、趣缘关系在信息化、智能化社会发展趋势中得到强化，承担着主要的关系媒介作用。中老年人、儿童群体对促进不同网络联结与扩展起到关键作用。同时，以亲疏属性和供求属性为组织的社会关系网络对社区公共空间提出了多层级和多圈层结构的发展诉求。

3.3 西安老城社区人口日常活动测度

日常活动是指社区居民在其常访问的公共空间之间形成相对稳定、规律化的出行指征，及居民日常活动同公共空间物理环境之间相对稳定的互动关系。在调研中，笔者面向西安老城社区居民中共计发放400份调查问卷，获取339份有效问卷信息，问卷选取日常活动的出行频率、出行距离、出行时段等作为测度指标，剖析出居民的日常活动需求和活动特征。

3.3.1 活动频率

活动频率指居民在一定时间内前往社区公共空间的次数。笔者对社区居民日常活动频率进行问卷数据统计（表3.9、表3.10、图3.16），可以看出居民不同活动的出行频率存在明显差异。

日常活动频率构成表 表3.9

F 类型	每天1次	每周2-3次	每周1次	半月1次	一月1次	偶尔去	基本不去
买菜	43.6%	30.8%	10.9%	6.2%	4.7%	3.7%	0
买日常用品	10.1%	20.8%	18.5%	19.9%	11.6%	14.0%	5.1%
就/买餐	34.0%	27.5%	15.3%	10.7%	5.7%	6.9%	0
取快递	7.3%	31.6%	17.8%	17.8%	10.2%	15.3%	0
接送孩子	34.9%	23.3%	25.0%	3.4%	4.1%	6.5%	2.7%
就医保健	0	5.3%	8.3%	9.4%	19.2%	30.6%	27.2%
锻炼健身	27.8%	13.0%	13.0%	7.6%	6.9%	18.1%	13.6%
散步游憩	29.0%	18.1%	13.2%	10.0%	7.4%	18.4%	0
社交娱乐	16.5%	14.4%	20.1%	9.9%	6.0%	23.4%	9.6%
业务办理	0	5.8%	16.2%	26.3%	39.9%	11.7%	0
候车租车	31.9%	18.7%	9.4%	9.0%	1.0%	19.4%	10.6%
办公培训	27.3%	12.9%	31.5%	4.2%	3.9%	5.8%	14.5%

在调查研究中，笔者将日常活动的发生频率按差值统计后划分为三个层级（表3.11）。其中，高频活动出行，对应活动频率为F≥3.5，即周频率在2次及以上，像买菜、就/买餐基本上是所有居民日常最频繁的活动，每日接送孩子就学是大部分学生家长的往复行为；中频活动出行，对应活动频率为F=1，即周频率在1次左右，从统计来看，买日常用品、取快递、锻炼健身、散步游憩、社交娱乐、候车租车、办公培训这些活动都在此列；低频活动出行，活动频率为F<1，即周频率不足1次，从活动频率的均值统计来看，就医保健与业务办理多是大于一周发生的活动。

日常活动频率差值统计 表3.10

F 类型	极小值	极大值	均值	标准差
买菜	0.13	7	4.29	2.62
买日常用品	0	7	1.85	2.15
就/买餐	0.13	7	3.57	0.16
取快递	0.13	7	1.93	0.34
接送孩子	0	7	3.55	2.77
就医保健	0	3.5	0.40	0.78
锻炼健身	0	7	2.61	2.93
散步游憩	0.13	7	3.00	2.87
社交娱乐	0	7	1.96	2.50
业务办理	0.13	3.5	0.61	0.77
候车租车	0	7	3.08	2.95
办公培训	0	7	2.72	2.81

注：在活动频率数值统计中，每天 1 次，计 F=7；每周 2-3 次，计 F=3.5；每周 1 次，计 F=1；半月 1 次，计 F=0.5；1 月 1 次，计 F=0.25；偶尔去，计 F =0.125；基本不去，计 F=0

日常活动出行频率的层级 表3.11

频率层级	阈值(F次/周)	主要活动（按频率均值）
高	F≥3.5	买菜、就/买餐、接送孩子
中	F=1	买日常用品、取快递、锻炼健身、散步游憩、社交娱乐、候车租车、办公培训
低	F<1	就医保健、业务办理

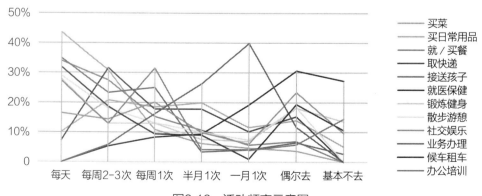

图3.16 活动频率示意图

"人口—空间"双更替的西安老城社区公共空间设计模式

3.3.2 活动距离

活动距离即以家为中心步行前往常访问公共空间的空间距离。从各项日常活动距离的调研中（表3.12、图3.17），可以看出不同功能活动在日常出行范围中呈现出典型的空间套嵌特征。

在本研究中，对居民各类活动范围进行统计（表3.13），需将出行时间按照步行距离进行换算，5分钟步行距离为300m，10分钟步行距离为500m，15分钟步行距离为900m，20分钟步行距离为1200m，30分钟为1800m……依次递增，不同活动距离存在显著差异。

日常活动出行时长统计表 表3.12

类型＼时间	0-5 min	6-10 min	11-15 min	16-20 min	21-30 min	>30 min
买菜	26.9%	25.2%	14.6%	13.9%	10.9%	8.5%
买日常用品	18.0%	25.7%	17.3%	14.0%	12.3%	12.7%
就/买餐	25.3%	19.5%	13.2%	12.8%	12.5%	16.7%
取快递	53.7%	22.4%	14.3%	7.0%	2.6%	0
接送孩子	12.8%	22.4%	26.5%	14.6%	13.7%	9.9%
就医保健	11.9%	15.2%	14.1%	14.5%	20.4%	23.8%
锻炼健身	23.0%	26.4%	16.9%	14.5%	12.5%	6.8%
散步游憩	29.6%	17.6%	15.4%	13.5%	13.5%	10.5%
社交娱乐	9.2%	10.3%	11.5%	8.4%	17.9%	42.7%
业务办理	29.8%	37.9%	16.5%	13.2%	2.6%	0
候车租车	28.7%	32.0%	17.2%	13.9%	3.3%	4.9%
办公培训	10.4%	26.6%	29.4%	20.2%	9.8%	3.7%

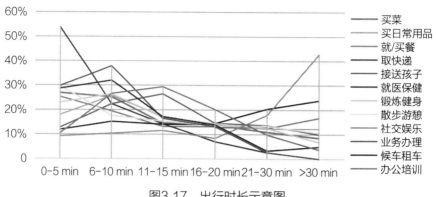

图3.17　出行时长示意图

日常活动距离统计表（单位：米）　　　　　　　　　　表3.13

时间 类型	极小值	极大值	均值	标准差	累计80%居民出行范围
买菜	150	3200	905	654	1200
买日常用品	150	4100	1032	697	1400
就／买餐	200	3600	1071	763	1600
取快递	0	1800	532	348	700
接送孩子	300	5200	1136	710	1400
就医保健	300	8500	2256	1964	3100
锻炼健身	0	2400	1178	778	1100
散步游憩	150	3400	971	698	1400
社交娱乐	300	6600	1648	1027	3700
业务办理	0	1500	632	359	800
候车租车	150	1900	734	546	900
办公培训	0	4500	935	509	1100

　　本研究以80%的受访者活动范围作为"大多数"居民的出行统计。在西安老城，80%居民办理业务、租车候车、取快递活动出行距离在住家900m 范围内；80%居民买菜、买日常用品、就餐、接送孩子、锻炼健身、散步游憩、办公培训在住家 1800m范围内；80%居民就医保健与社交娱乐出行距离4000m范围内。

3.3.3 活动时段

　　活动时段反映着居民一天内生活行为的时间关联。从各项日常活动时段占比中（表3.14、图3.18），可以看出各职业、年龄居民在日常生活中的活动规律，并且有些活动时段呈现多功能混合的集合关系。

日常活动时段统计表 表3.14

时间 类型	6：01— 9：00	9：01— 12：00	12：01— 16：00	16：01— 19：00	19：01— 22：00	22：01— 6：00
买菜	48.0%	13.9%	4.6%	24.2%	9.3%	0
买日常用品	8.1%	15.3%	17.4%	31.7%	25.4%	2.1%
就／买餐	16.0%	29.6%	22.1%	21.8%	8.8%	1.7%
取快递	3.6%	18.1%	36.8%	35.7%	5.8%	0
接送孩子	36.9%	9.7%	13.4%	32.5%	5.6%	1.9%
就医保健	38.1%	22.0%	17.0%	10.2%	8.7%	4.0%
锻炼健身	27.2%	16.0%	7.1%	12.9%	33.7%	3.1%
散步游憩	18.3%	8.5%	8.8%	17.3%	37.0%	10.2%
社交娱乐	8.5%	14.6%	8.1%	18.6%	32.9%	17.3%
业务办理	11.2%	35.0%	28.0%	21.0%	4.7%	0
候车租车	28.9%	4.2%	13.1%	30.1%	13.7%	10.1%
办公培训	10.5%	26.8%	7.8%	21.4%	28.0%	5.4%

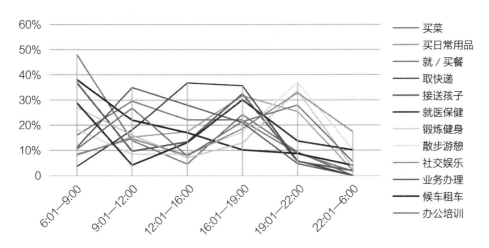

图3.18　活动时段示意图

从居民活动时段的统计来看，老城区居民活动集中在6：00—9：00和16：00—19：00这两个时间段，这也与大多数居民工作作息时间相契合。在调研中，发现老年人多愿意选择在6：00—9：00出行来进行日常卖菜、锻炼等活动；学历较低的居民更偏向在上午9：00—12：00出门，而受教育程度和收入越高的居民，由于他们普遍归家时间较晚，更喜欢在晚间下班后进行就餐、购物、休闲游憩活动；从居民出行叠合分析来看（图3.19），16：00—19：00时间段各项活动的叠合度相对最高，其次是6：00—9：00和9：00—12：00时段，这是各项活动发生频率最高的时段，同时也是公共空间优化时尤其应该重点关注考量的时段。

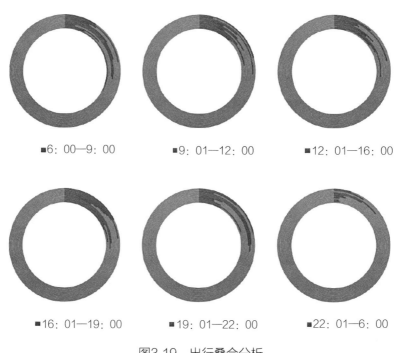

图3.19　出行叠合分析

3.3.4 活动替代

"互联网+"时代，随着信息技术的进步和物流渠道的完善，逐步打破地理空间的限制，物资成本和利润大幅降低。因此，需要合理安排的将不再仅仅是空间，更多的将是时间。上门服务和网络社交等方式快速发展，服务上门的便捷使得居民使用社区公共空间的内容和形式也发生了变化。在问卷中，调查了哪些日常活动可以"部分"地被互联网服务替代（图3.20），发现商业购物和教育培训的线上替代度较高，而基本的散步游憩、医疗服务、候车出行等依然倚靠在公共实体空间内完成。

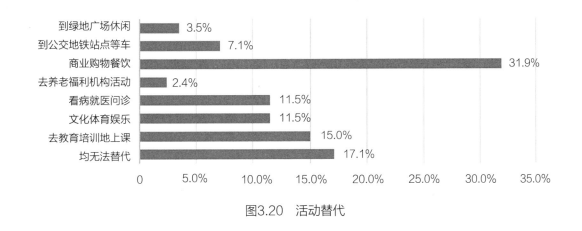

图3.20　活动替代

3.4 社区人口日常活动特征

1. 居民日常活动在空间上表现为步行出行为首选，活动辐射范围扩大化

由于西安老城交通状况相对复杂，空间资源有限，居民基本选择步行作为日常出行的首选，30分钟（步行距离1800m）为老城社区居民接受的极限步行时间。相比新版《城市居住区规划设计标准》GB 50180-2018所规定的社区设施最大生活圈的辐射半径来说，老城设施数量缺失且分布不均，所以部分居民在孩子上学、就医、娱乐方面甚至会选择城外设施作为替代。

2. 居民日常活动在时间上表现为出行效率高、夜间化以及单次出行时间增长

随着城市生活节奏的加快，居民在生活方式上越来越注重时间的高效利用，很多居民期望"一次出门干多件事"，所以很多现代家庭会将日常活动压缩在周末一次完成，如买菜、买日常用品等，平时出行也会提前规划好活动路径，将买菜、接孩子、取快递等活动在一次出行中完成。并且由于城市"职—住"距离的加大，职场人士归家时间普遍延长，许多在社区内开展的活动从晚上19：00才逐渐开始，并延长至22：00以后。

3. 线上服务功能便捷，但居民对"上门"服务的需求远小于"走出去"需求

老城大部分线上社区服务较为普及和便捷，但多限于饮食外卖、网约车、生活用品网购、儿童教育培训等，对于健身、娱乐、就医等活动还是更希望能亲身参与活动或是以线上线下互动的方式进行，说明社区公共空间提供的活动体验性对于居民日常生活至关重要。

3.5 本章小结

    本章利用文献资料、问卷调查、实地走访等方式对西安老城人口特征进行梳理，通过分析人口规模、性别等构成特点和密度、职业、住房等属性要素，可以看出社区人口发展具有两极化增长化、流动性频繁和个体诉求差异化大的特征；通过对社会变迁中个体生活方式、群体作用机制、社会关系组织三方面的剖析，总结出当前的西安老城社会关系组织具有小世界典型特征，并朝着复杂性构成、异质性强化的方向发展；通过对社区居民的活动频率、距离、时段等的调查，归纳出西安老城人口日常活动的基本影响表现为以首选慢行化、范围扩大化、时间延后化的趋势，同时由于线上社交网络的影响，居民部分日常出行行为被取代，并越来越注重时间的高效利用。

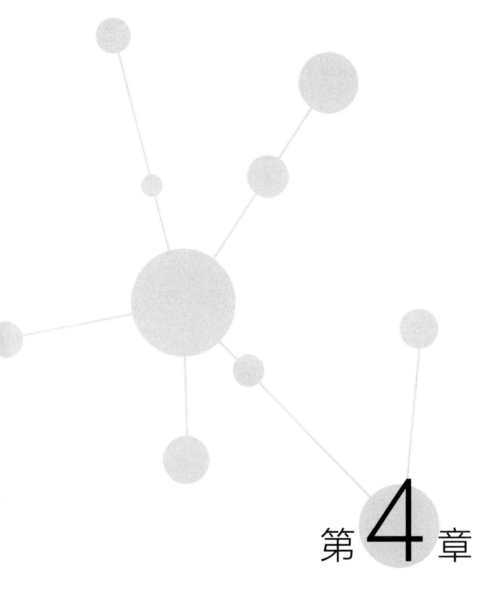

第 4 章

发展历程及现状特征

西安老城社区公共空间多存在于居民日常空间环境之中，其空间构成形式多由使用者的生活方式直接决定，并对之产生和发展具有一定的抑制或促进作用。因此，正确理解社区公共空间建成环境随着历史更替所呈现的当代价值和公共空间在功能组织、形态构链、边界形式的互动关系，才能真正厘清西安老城社区公共空间的更新途径。

4.1 西安老城社区公共空间发展历程

4.1.1 新中国成立前社区公共空间的演进

在中国古代城市发展史中，没有社区这一概念，但可以类似于当时的"坊""街坊"这样的划分方式，等同于居民的日常生活空间。当时的居民生活空间的功能设定和形态组织主要由政治制度和城市形制确定，也直接影响了公共空间的表现形式：经历了"坊市制"到"街巷制"的演变[124]；坊墙的突破促进居民到街道上活动的地理范围，市场的出现也奠定了最早的"城市广场"体系，生活样态变得丰富起来。

1．唐、宋时期

唐代的长安城里坊严格管制，坊与坊间都会用围墙隔离开来，整个唐长安城东、西两面设市，是长安的经济交易中心，也是维系都市居民日常生活的重要公共场所。市四面围合，九井格内街设店；坊四面封闭，十字街四面开门，晚上有宵禁制度，管理十分严格（图4.1）。城内居民在城内活动范围仅限于街巷、坊市（图4.2）。因此，当时的公共空间主要服务于封建统治阶层，便于对外防守，也便于对内管控。

随着经济的发展，宋朝坊市制的公共空间由封闭开始走向开放的街巷制，坊墙开始被打破，街道两旁开设有各种酒楼、茶坊和"瓦子"等商业店铺和娱乐场所，并逐渐形

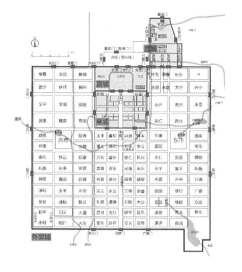
（a）唐长安城总平面图

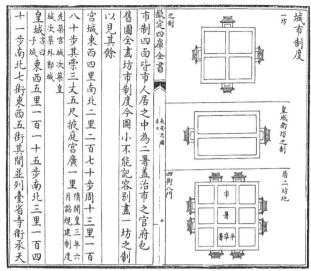
（b）唐长安城里坊管理制度

图4.1 唐长安里坊图示

资料来源：史海念. 西安历史地图集［M］. 西安：西安地图出版社，1996.

图4.2 唐代长安西市公共生活图景

资料来源：李昊等. 墙志. 历史进程中的西安明城城墙［M］. 北京：中国建筑工业出版社，2020.

成夜市和早市，街道成为城市居民生活、生计及娱乐最重要的公共空间（图4.3）。[125]
除此之外，宗教场所、自然景观周边的公共空间为居民提供了一个类似于广场和公园的
功能空间，衍生出学术布道、游览观赏聚会娱乐等多样性活动，这也是当时居民公共生
活的重要组成部分。

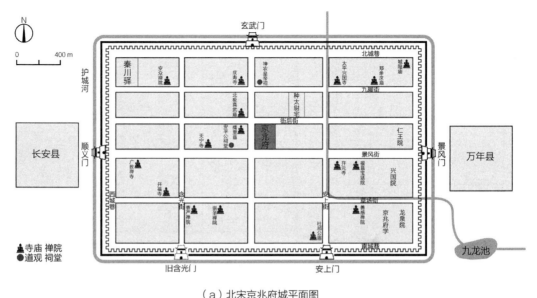

（a）北宋京兆府城平面图

街道走向	街道级别	街道位置及名称
东西向街道	主干道（中轴线）	城内东西向中轴线位置，是连接顺义门和景风门的街道
	主街道	东西向中轴线以北第一条街道，为庙后街
	主街道	东西向中轴线以北第二条街道，为九耀街
	主街道	东西向中轴线以南第一条街道，东段草场街，西段水池街
	次街道	府城西北街、府城北街等
南北向街道	主街道	城内南北向居中位置，为通往玄武门的街道
	主街道	玄武门街西侧，为通往含光门的街道
	主街道	玄武门街东侧，为通往安上门的街道
	次街道	府东街、府西街
沿城墙街道	次街道	沿东北城墙的北城巷（东西走向），沿东南城墙的南城巷（东西走向），沿西南城墙的西城巷（南北走向）

（b）北宋京兆府城街道统计

图4.3　北宋京兆府城街巷图示

资料来源：史海念. 西安历史地图集［M］. 西安：西安地图出版社，1996.

2．明、清时期

到了明初西安城扩建后，催生出更丰富的居住生活，也是在这个时期奠定了当代西安老城区的基本格局（图4.4），出现了"街巷—合院"的居住形制。以目前留存的古建筑来看，当时的关中合院多以两到三进院落为主，这些大大小小的院落纵横交错地排列起来，构成了一个个居住单元聚落，单元之间的分隔就形成了街巷（图4.5）。总体来

　　　　　　　　　　　　　　　　"人口—空间"双更替的西安老城社区公共空间设计模式

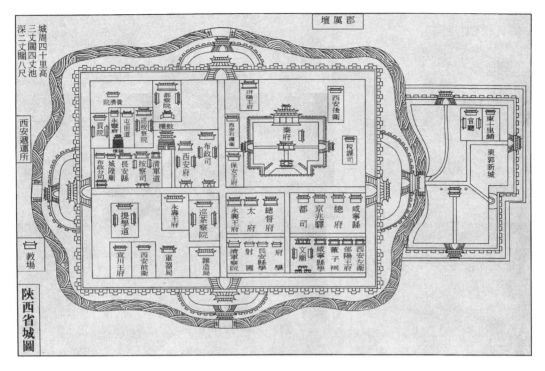

图4.4　明嘉靖陕西省城图

资料来源：赵廷瑞，马理，吕柟. 陕西通志［M］. 西安：三秦出版社，2006.

（a）关中合院俯瞰　　　　　　　　（b）商业街巷

图4.5　清代长安城图景

资料来源：老照片发展中心编. 陕西老照片［M］. 西安：新华出版社，2013.

说，这时期的居民构成主要是以亲缘、地缘为主，巷子、院子、会馆等交往公共空间促进了居民互动行为的发生，也形成了良好的生活氛围和浓郁的地域文化，是西安老城传统街坊的典型样本。

3．民国时期

民国初年，省政府拆除"满城"城垣辟为新市区，整修东、西两条大街（图4.6、图4.7），售予市民自建或房地产公司整建出租。这一时期城市内的住宅绝大部分为私人所有，自建式住区多以院落围合式为主要布局方式，每个居住单元面积较小，但聚居群落密度较高、面积较大。由于战争导致大量人口流入西安，老城容量急剧扩张，屋舍数量显著增加，但城中也有大量贫苦的市民或难民选择居住在阴暗潮湿的低洼地段或简陋搭建的棚屋草房中[126]。据不完全统计，新中国成立前老城内共有住宅约为232万m²，但人均居住面积仅为3m²左右，可以看出，这一时期居民的生活品质的差异明显，在居住院落或聚落中几乎没有公共活动空间，街道兼作通行和公共活动区域，公共服务设施配套严重不足，主要依靠道路绿化来提升整体环境品质。

图4.6　民国西大街照片

资料来源：360个人图书馆

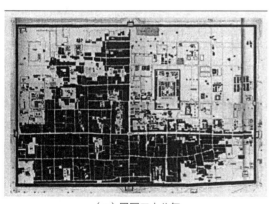

（a）民国二十八年

（b）民国三十八年

图4.7　民国西安新市区开发建设图

资料来源：李昊等．墙志．历史进程中的西安明城城墙［M］．北京：中国建筑工业出版社，2020．

　　　　　　　　　"人口—空间"双更替的西安老城社区公共空间设计模式

4.1.2 1949-1979年社区公共空间的演进

新中国成立是我国国民经济恢复发展的时期，也是居民生产生活和社区各项建设逐渐步入正轨的过渡时期（图4.8）。

在居民生活方式方面，在计划经济体制下受到经济、政策和社区规划的影响最为明显。建国初期西安人口规模增长迅速，家庭结构从5.03达到了高峰期的5.74，呈现出典型的大家庭规模，导致了人均住宅面积紧张，许多家庭长时间处于多户合住的状态。随着以血缘为纽带的居住形式被解体，居民开始产生以业缘为核心的生活形式，日常活动范围也多以单位大院为限，虽然交往圈有限，但邻里之间的熟悉度和亲密度较高，在当时"重生产、轻生活"的朴素思想和经济实力影响下，居民生活标准较普遍较低、个体差异度小，休闲活动相对匮乏，总体呈现出同质化、单一化的特征。

在社区规划和建设方面，这一时期的西安居住区设计汲取了西方和苏联的"邻里单位"中的一些规划理论来指导建设，注重公共设施的布局和群体建筑中的通风、朝向、采光等要求，开始打破传统地缘、亲缘为主体的街坊组织，迅速形成"单位大院"的居住主体类型（图4.9）。到了1950年代中后期，由于实践中意识形态方面的不兼容，苏联引入的"居住区——居住小区"二级规划模式已逐渐取代了"邻里单位"成为了主要的

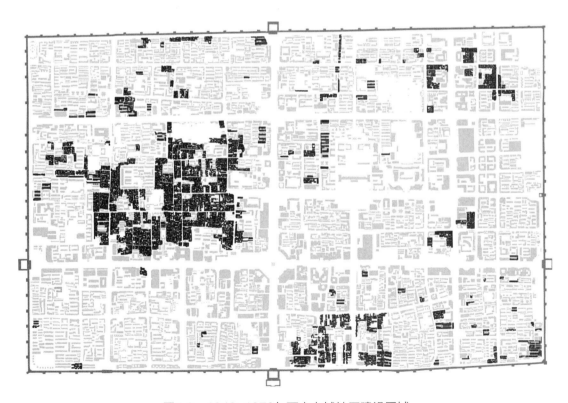

图4.8　1949-1979年西安老城社区建设区域

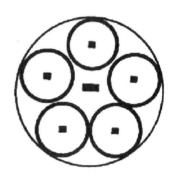

图4.9 单位大院居住主体类型

资料来源：王彦辉. 走向新社区——城市居住社区整体营造理论与方法［M］. 南京：东南大学出版社，2003.

图4.10 居住区—居住小区二级规划模式

资料来源：张燕. 居住区规划设计［M］. 北京：北京大学出版社，2019.

住区建设指导性理论（图4.10）。到了1960年至1975年受到文化大革命的影响，国民经济运行波动明显，高度依赖于计划经济的城市住区建设基本停滞，偶有建设也是在现有住区的基础上进行"见缝插针"的修建了很多简易的零散插建住宅楼。随着1978年国家住建委发出的《关于加快城市住宅建设的报告》，要求着力在民生条件改善上，尽快恢复住宅建设和解决住房紧张问题。这时期住宅配给制度实行的是统一建设、统一分配政策，具有"低租金、高福利、实物分配"的典型特征[127]。房地局统管西安市内公有土地及代管地产的调拨和登记，大部分公有住房单位会依据职工的职称职位、入职年限及贡献奖励等进行分配，多为无偿居住或仅收取象征性的手续费和租金。

4.1.3 1980-2000年社区公共空间的演进

改革开放后，我国由计划经济体制向市场经济体制转型，社区营建步入了高速发展期（图4.11、图4.12）。

这时期居民的生活水平开始从满足温饱向舒适生活转变，日常需求和交往范围也变得多元开放，社区发展正式进入了增量扩张的粗放时期。1978年中国开始实施计划生育的基本国策，传统的大规模家庭结构逐渐解体，1988年西安市平均家庭规模降到3.74户。商品经济的发展使得居民从事的行业结构也发生了变化，尤其是第三产业得到了飞跃式的发展，出现职住分离现象，也变相导致年轻一代离开原生大家庭开始独立分户。

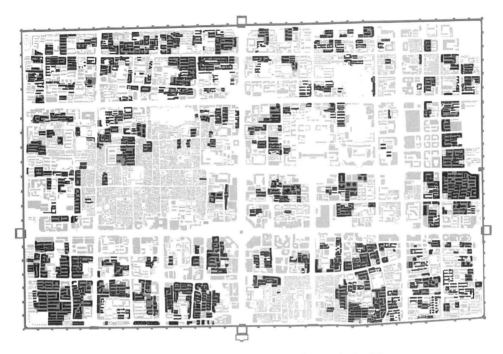

图4.11　1980-2000年西安老城社区建设区域

同时，生产力的提高以及生产方式的变革使得中国城市和农村分割的二元结构在这一时期发生变化，农村出现了剩余劳动力，这类群体纷纷开始进城务工，再加上西安大力开展招商引资、发布就业扶持政策，都使得老城社区人口来源呈现多样化发展。因此这时期社区居民的职业、收入、群体构成更加多元化，其日常交往行为也随之发生变化：休闲娱乐方式在这时期逐渐丰富，老城内出现了专门的休闲运动、教育培训场所，交往关系类型由亲缘、地缘的同质性向业缘、趣缘的异质性转换，以前"远亲不如近邻"的状态一去不复返，邻里关系日趋式弱，社会距离进一步疏离。

图4.12　1982年钟楼周边社区建设图景

资料来源：红色著名摄影家马忠义先生摄影作品展［EB/OL］. 2019-06-23.

在社区建设中，这一时期居住模式由"单位大院"向"商品房"形式过渡，住房分配政策从福利分房转向市场选择，主导的推动力量依然依靠政府，但企业也成为资金筹措的另一主要来源，曾达到投资总量的60%–70%[128]。西安老城的建设方式也从之前单一分散的住宅建设向房地产综合式开发转化，将西安的社区建设又推向了新的阶段。至1980年，西安老城已经完成大部分城市土地国有化转型，在市政府的支持下西安成立了住宅建设开发公司，开始系统性的进行全城的低洼地段改造，老城区的建设发展迅速。这一时期西安老城社区设计普遍受到1990版《城市规划法》、《城市居住区规划设计规范》GB 50180—1993的现代主义思想影响较大，初步形成社区功能分区设计，开始出现采用门禁管理的封闭式社区，初步形成居住区—居住小区—组团的结构模式（图4.12、图4.13）。

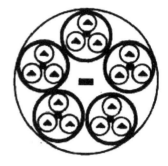

图4.13 居住区—居住小区—居住组团三级规划模式

资料来源：张燕. 居住区规划设计 [M]. 北京：北京大学出版社，2019.

4.1.4 2001年至今社区公共空间的演进

2000年以后，住房建设开始全面市场化，社区居民有了对区位和住所的自主选择权，承载邻里生活和公共活动的社区公共空间成为提升社区环境品质的着力点（图4.14、图4.15）。

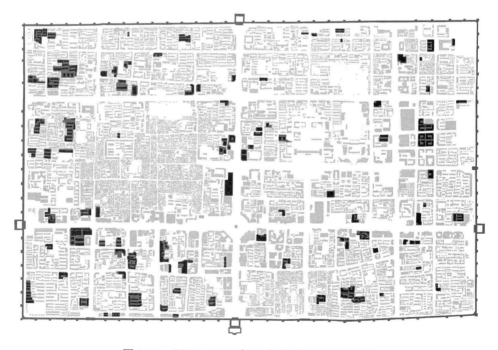

图4.14 2001-2019年西安老城社区建设区域

“人口—空间”双更替的西安老城社区公共空间设计模式

图4.15　2018年西安老城图景

资料来源：华商论坛

　　同期，2000年后的西安楼市迅速升温，老城区由于用地的局限与居住环境品质的提升要求，一些既有住区的空间形态也开始出现从封闭到开放转型，开放式、共享型社区即是这类转变的具体表现，部分新建的商品房住宅、公寓趋向于商业、办公等的多功能复合发展，与街区相融合，以开放的姿态与城市功能协调，虽然在数量上仅仅是老城区中一小部分，但却预示了社区发展的未来趋势（图4.16）。2008年、2018年颁发的《城

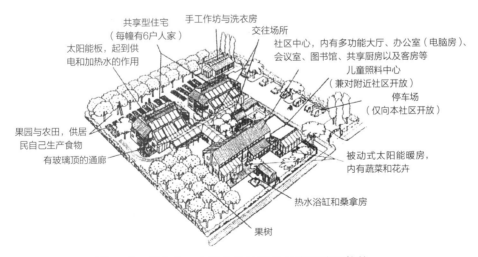

图4.16　复合化、人性化的社区公共空间建设趋势

资料来源：王彦辉. 走向新社区——城市居住社区整体营造理论与方法［M］. 南京：
东南大学出版社，2003.

乡规划法》和《城市居住区规划设计标准》都吸收了新城市主义理论、精明增长等理论，以建立人性化、复合化的多功能生活圈为社区建设目标，这也在西安老城社区的建设与发展中得到应用和发扬[129]。

4.1.5 西安老城社区公共空间的历史演变特征总结

1. 老城依托传统街巷空间生长、演绎成多种类型的社区公共空间

街巷的变化反映了城市公共空间形态的更新与延续。回顾历史可以看出，从唐代至民国时期，西安老城社区公共空间主要以街巷发展为主。居民经历了只能在内向封闭的坊市停留到逐渐开始走上开放的街道、集市，进行采买、娱乐、集会等日常活动，同时，街巷公共空间也由于日常活动的丰富进一步细分，一种演化为在街道尽端或中部出现若干个停驻空间和过渡空间，如"胡同—合院"、"街道—会馆"的模式，形成西安现代城市空间从开放到私密过渡的雏形；另一种形式是由街道空间衍生的街市型公共空间，主要出现在人流量高和生活气息浓厚的地段，兼作交通通行和日常集市，带有典型的时间特性，就像老城中从清代延续至今的西仓集市，平日仅作为住宅区的通行街道，逢周四、周日设集，晨开午闭，热闹非凡。建国后，老城地块随着一次次旧城更新运动迅速合并增大，很多统一建设的住宅区或商业区建设覆盖了原先由路网划分的地块结构，新旧地块混杂，呈现出碎片化特征。这种大规模、"彻底性"的改造，致使充满日常气息的传统街巷日渐消失，而这些街巷恰恰是记录了公共生活重要的历史线索，包括一些有价值的庙宇、商铺、场地等。

2. 随着住房分配政策、管理手段和建造技术的推进，社区公共空间的布局形式也在发生改变，呈现出多时期规模尺度相互"拼贴"的状态

社区建设形式可以反映出不同社会背景与经济体制下公共空间生产方式的差异性，这种空间生产方式是在当时年代下形成的特定产物，研究中可以看出，社区公共空间分布与建设年代、建设形式存在着多种关联，在分布特征上也极具相似性（图4.17）。其布局方式会随着西安老城历史建筑、传统院落、场地形态的改变而进行演绎变化，形成从适应传统社区的通行街巷到单位大院的内向封闭布置，再到商品房、安置房、公寓房等的多类型涌现使社区公共空间也相应呈现出零散到多元的态势发展（表4.1）。其中，空间尺度是社会关系发展过程中所形成的空间量化的最直观反馈。和柯林·罗（Colin Rowe）的"拼贴城市"概念类似，我们也可以将公共空间尺度的演变划分为尺度延续与尺度突变两种类型，前者基本继承了原先地块的尺度，面宽进深变化不大，主要体现在高度的增加；后者则没有延续任何历史信息，是对原先地块进行完全的覆盖和

"人口—空间"双更替的西安老城社区公共空间设计模式

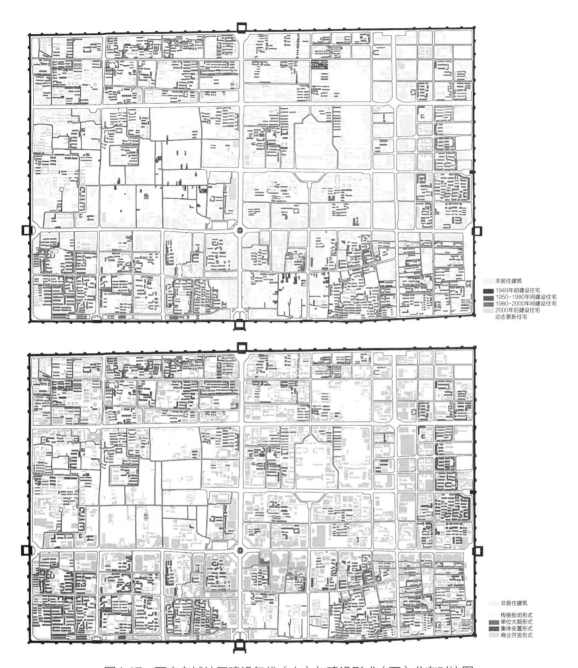

非居住建筑
1949年前建设住宅
1950~1980年间建设住宅
1980~2000年间建设住宅
2000年后建设住宅
动态更新住宅

非居住建筑

传统街坊形式
单位大院形式
集体安置形式
商业开发形式

图4.17　西安老城社区建设年代（上）与建设形式（下）分布对比图

重写，地块尺度的突变带来基底面积的变动，伴随着居民生活质量的提升，需求的多样
化发展，公共空间经常被大体量地块或建筑占据，相应地会在三维空间会引起容积率、
建筑密度、绿化率等各个层级的规模尺度的全面增大。

时期	社区建设形式	布局特点	开放程度	设施配给	环境品质	层级秩序	尺度演变
1949-1979	传统街坊	沿街巷呈线状布置，在更新中形成自然和人为两种聚集节点	开放	以沿街商铺为主	低劣	一级	延续
	单位大院	以宅前使用为主，面积规模有限，普遍没有集中绿化和公共场地	封闭	以内部生活服务设置为主	一般	二级	突变
1980-2000	单位大院	整体布局具有一定秩序结构，结合设施规划有集中活动场地，但以硬质铺装为主	封闭、半开放	以沿街底商和生活服务为主	良好	二、三级	突变
	安置返迁	在规划中无过多考量，结合路边、宅前、内院见缝插针的布置	半开放	以沿街底商为主	低劣	二级	突变
	商品开发	结构自身完整性较高，与外界共享度低，设施完善，环境佳	封闭	以沿街底商和内部物业设施为主	良好	二级	突变
2001至今	商品开发	形式多样，部分开放社区与城市共享度较高，出现立体化、交融性的发展趋势	封闭、半开放	以沿街底商和物业、文娱设施为主	良好	二、三级	突变

3．社区公共空间功能结构的更替与社区居民社会关系的转变息息相关，相互影响、动态适应

随着居民对于生活品质的追求与生活精细化的发展，日常交往活动成为社会网络与公共空间互动的媒介，公共空间成为社区居民生活方式的重要载体，其功能结构呈现出由简单到复杂多元的转变过程，并形成了"社会关系—日常活动—公共空间"的互动机制（图4.18）。建国初期西安老城居民普遍具有重生产、轻生活的思想观念，休闲生活比较匮乏，公共空间多以满足于居民必要性自发活动为主，基本结合设施布置简单路径或集中场地满足日常需求即可；随着城镇化进程的加快和外来人口的涌入，西安老城人口不断增多，以单位为纽带的交往形式被打破，形成了群体异质化的社会关系网络，也会对社区公共空间提出兼容个性化与多样性的需求，并带动以"趣缘"为主的休闲交往型空间的建设；现今信息化时代的到来，居民劳动和交往关系、形式、地点变的混合多样，日常活动极大的丰富化，公共空间的地下化、立体化发展趋势在必行，再加上不断

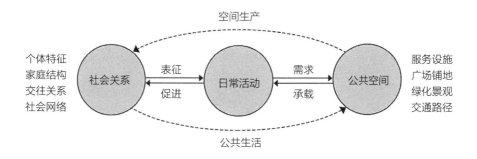

图4.18　社会关系与社区公共空间互动机制

涌现出的互联网时代的新型要求，社区公共空间功能结构随之调整，形成网络化、层级化的综合布局形式，且需具有动态适应性和适宜性"留白"。

4.2　西安老城社区公共空间形式划分

4.2.1　传统街坊形式下的公共空间

西安老城内传统街坊社区带有明显的历史印记，其内建筑最早可追溯至明清时期，解放初期曾占到全市房屋总量的82%（图4.19）。后来随着社会主义改造和建筑技术的升级，这类型的社区越来越少，发展至今，老城内街坊社区主要集中在三学街和回坊地段两个历史街区。随着人口的膨胀，街坊社区呈现出家族式的聚居状态，受社会环境和土地条件的制约，空间发展的最大特点是以增加建筑密度和容积为主的社区建设。

由于街坊社区建设年代久远，往往会呈现不同建设年代遗存高度叠合的状态，历时性研究价值较高。同样，在其公共空间的历时发展中也存在两种方式（图4.20）：一种是依托于建国前街道型公共空间的发展脉络，利用自然基底和院落地籍线形成的退让关系，自然而成的若干聚集性公共空间，例如在老街坊内，经常可以看到居民们在街角的大树底下进行下棋、聊天等日常活动，树下区域就是最天然的社区公共空间；另一种是借助于老城历史街区的旅游开发，自上而下地在"景点"周边规划出的集散场地，例如三学街社区碑林历史博物院门口的三片场地就是2004年顺城巷改造时新建的，这种公共空间的形成往往是通过对传统院落群的拆迁达成的，代价较大，其公共空间兼具社区内部成员和外来旅游群体共用，活动的共享度较高，但是对原生群体的干扰性较大。

图4.19 20世纪70年代西安鼓楼附近的街坊社区

资料来源：韩小武. 西安城区变迁地图集［M］. 西安：西安地图出版社，2014.

（a）街巷退让形成的社区公共空间　　　　　（b）自上而改造形成的社区公共空间

图4.20 西安老城街坊社区内的公共空间

4.2.2 单位大院形式下的公共空间

1. 建设初期

在老城内建国后新建的第一批单元大院主要分布在莲湖路两侧、北新街两侧和东南片区。这时期的住区形式从功能布局到形态组织上都是呈内向封闭的，基本以小地块、小规模建设的集合住宅为主，道路网层级清晰，主要以人车混行为主，建筑多为板式多层，呈行列式布局。这也使得老城肌理开始出现形态突变，这一变化也集中的体现在公共空间中（表4.2）。

"人口—空间"双更替的西安老城社区公共空间设计模式

西安老城1949-1979年建成的单位大院肌理样本　表4.2

房地局家属院	卫生厅家属院	市政府家属院	城建局家属院	中国通信家属院

单位大院式的公共空间一般仅以满足本住区内居民使用为主,多结合基础公共服务设施布置(活动室、锅炉房、煤房等),少有商业活动开展,仅满足生活基本功能。单元前的宅前空间结合绿化多以景观观赏为主,活动场地多居大院中心位置且以水泥硬化铺面为主,成为当时人们进行交往的社区公共空间初始形态(图4.21)。由于当时的住区形式和公共意识较为保守封闭,所以这一时期社区公共空间的资源共享度是较低的。

2. 建设成熟期

随着全国住宅建设恢复时期来临,西安老城内单位大院建设地块数量和规模较之前大幅度增加。随着点式高层住宅的出现,开始摆脱建国后多层住宅形成的老城肌理,打破了单位大院纯行列式的排布,发展到后期,点、板式楼栋的灵活组合既能满足不同家庭的户型需求又可以获得更丰富的室外空间(表4.3)。[130]

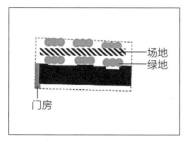 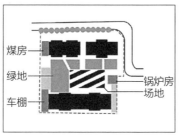 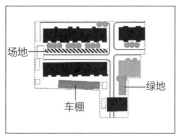

(a)公共空间单侧布局　　　　(b)公共空间中心布局　　　　(c)公共空间分散布局

图4.21　西安老城单位大院形式下的公共空间样本分析(1949-1979)

西安老城1980-2000年建成的单位大院肌理样本				表4.3
兰州军区干休所	省政府家属院	省发改委家属院	市委家属院	粮油出口家属院

同时，公共空间公共空间面积开始增大，在邻里、组图中形成了有秩序的组织形式，所涵盖的功能和活动较之前更加多样，公共服务设施的趋于完善，为住区资源的共享提供了基础，但由于在规划思想上还是被单位内向的封闭发展所束缚，门禁模式依然是公共空间使用和资源共享的最大障碍，因此这一时期公共空间与城市空间融合度欠缺（图4.22）。

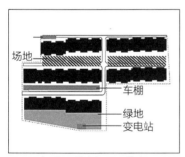 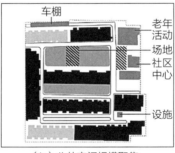 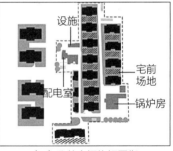

（a）公共空间面积增大　　　　（b）公共空间规模聚集　　　　（c）公共空间均好平衡

图4.22　西安老城单位大院形式下的公共空间样本分析（1980-2000）

4.2.3 安置返迁形式下的公共空间

1985年，西安老城开始进行旧城更新，在老城西南、东南片区集中进行了低洼地、危旧住房棚户区的大量拆迁改造，就地建设了几处集中的安置返迁区，由于安置区往往收益较低，开发方受到"拆一安一"的政策制约，为了追求经济利益往往会提出高强度土地开发要求和低标准建设交付内容。因此，拆迁安置区普遍都以追求速度和实用性为准，与其他地块相比，其建设用地紧凑且建筑密度和容积率明显居高（表4.4）。

"人口—空间"双更替的西安老城社区公共空间设计模式

		西安老城1980-2000年建成的安置社区肌理样本		表4.4
粉巷安置区	德福巷安置区	建国二巷安置区	大车家巷安置区	竹笆市安置区

因此，这一时期安置区中的公共空间也呈现出明显匮乏的状态，其活动场地十分有限，几乎没有可以供居民集会、活动的场地，绿化空间也更多的是居民自发种植形成的绿化小景观（图4.23）。

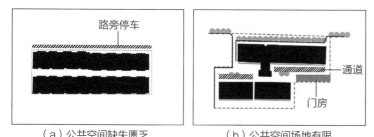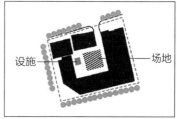

（a）公共空间缺失匮乏　　　　（b）公共空间场地有限　　　　（c）公共空间内向布置

图4.23　西安老城拆迁安置形式下的公共空间样本分析（1980-2000）

4.2.4　商品形式下的公共空间

1．建设初期

20世纪80年代后期老城区内已经开始有了商品开发住区的萌芽，甚至出现了整体开放街区式的开发，与城市的融合度较高。这类商品房住宅基本以行列式布置为主，长短板、点板式相结合，错落有致，日照采光和卫生标准接近现行规范，可以满足基本的生活舒适性要求，但受到老城建筑高度的限制要求，建筑高度还是以多层为主，辅以少量小高层（表4.5）。

西安老城1980-2000年建成的安置社区肌理样本   表4.5

双仁府小区北苑	冰窖巷30号院	祥凝瑞集	新兴小区	新城国际

商品开发形式下的公共空间其设施配置相较于同时期其他两类公共空间是有明显优势的，有了住区规范依照，不仅在数量上增多，类型和层级上也考量更多，"千人指标"、"人均面积"都纳入建设标准。除此之外，场地内也开始有了专门供居民健身、运动、玩耍的区域，虽然面积不大，但提升了公共区域的活力。在绿地布置上也显示出了系统雏形，宅前绿地与中心绿地丰富了绿地系统。同时，这时期的公共空间中已开始考虑为私家车规划专门的地上或地下停车区域（图4.24）。

2．建设成熟期

进入21世纪以来，商业开发式社区开始占据了住宅建设的主导地位，但由于受到了老城土地价格和开发能力的影响，用地资源有限，往往以集约式平面布局形态为主，并高效地利用地上、地下空间（表4.6）。

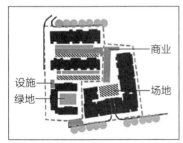

（a）公共空间类型多样

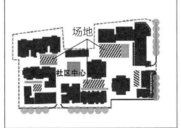

（b）公共空间层级秩序

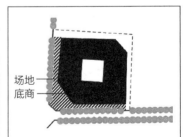

（c）公共空间外向开发

图4.24 西安老城商品开发形式下的公共空间样本分析（1980-2000）

西安老城2001年至今建成的商品房社区肌理样本				表4.6
伊祥苑	世纪领域	金桥花园	民乐园南区	华美达公寓

这一时期老城社区公共空间的公共服务配套大多由商业性设施所包揽，其类型涵盖广泛，基本满足了居民日常所需，但公益性设施如老年照护中心等普遍缺乏，在设计中会通过增加立体活动场地、共享功能设施、柔化社区边界等方式提升公共空间的品质、加强与城市空间的交互（图4.25）。

（a）公共空间共享化　　　　　　（b）公共空间立体化

图4.25　西安老城商品开发形式下的公共空间样本分析（2001—2019）

4.3 西安老城社区公共空间更替现状

4.3.1 社区公共空间现状

在对老城典型社区公共空间进行现状分析时，笔者综合利用计算机学、社会学、统计学等研究方法对公共空间所在区位、规模、功能、形态等进行大量综合性调研。本研究公共空间样本（下文简称"案例"或"样本"）抽取标准为：空间存在更替状态，面

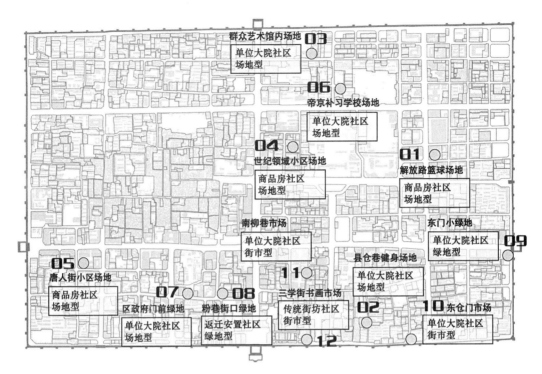

图4.26　研究样本

积≥1000m²、核心功能单元≥3种，能步行15分钟内到达，周边环境相对稳定。依据此规则，本文共抽取了12个社区公共空间样本（图4.26）。

同时，本文采用功能单元（Functional unit）来界定样本公共空间的功能分类边界，便于综合统计比较（表4.7）。功能单元是指空间功能能够较好地实现人群使用目的，各区域主要使用功能之间可以清晰划分和界定的基本单元。文中将不同样本中的功能单位整合为8大类39小类（表4.7）。

社区公共空间功能单元分类　　　　　　　　　　　　　　　　　表4.7

大类	名称	小类	名称	大类	名称	小类	名称
A	商业售卖	A1	便利店	B	生活服务	B1	金融机构
		A2	菜市场			B2	通讯营业厅
		A3	超市			B3	维修站点
		A4	餐馆			B4	邮局／快递驿站
		A5	咖啡店／茶馆			B5	社区物管中心
						B6	美容美发
						B7	洗衣店

大类	名称	小类	名称	大类	名称	小类	名称
C	医疗看护	C1	诊所	D	文娱康乐	D1	电影院
		C2	保健康养			D2	酒吧
		C3	社区医院			D3	KTV
		C4	药房			D4	棋牌室
		C5	日间照料中心			D5	网吧
		C6	老年人养护中心				
E	教育培训	E1	早教机构	F	健身游憩	F1	健身场地
		E2	社区图书馆/图书站图书馆			F2	运动场地
		E3	培训机构			F3	健身场地
		E4	联合办公空间			F4	展览场地
G	交通通行	G1	公共停车场	H	其他	H1	辅助配套设施
		G2	公交车站			H2	公共安全场地
		G3	地铁站			H3	冗余空间
		G4	车行道路				
		G5	步行道路				

1．基本概况

（1）样本1：解放路篮球场地所属万达社区，是解放路万达商业综合体的一部分，为复合型活动场地。场地之前规划为室外步行街区，由于步行通道尺度较大且场地平整具有一定开放性，因此吸引周边万达社区居民进行自发健身、运动，后万达商场经二次场地改造，植入篮球场地、滑板场地及座椅、顶光设备等基础设施，以服务年轻人运动、社交和老年人健身为主，成为周边区域活力度和欢迎度较高的场地（图4.27）。

（2）样本2：县仓巷健身场地所属开通巷社区，是西安是全民健身路径规划中的节点场地。场地内规划有活动场地、健身器械、休闲棋牌座椅等，但由于场地多为硬质铺地，且活动区无遮阴设置，周边毗邻社区垃圾收集站，环境不佳，所以使用度有限，平日以老人及儿童活动为主，周末部分周边居民会沿街路边摆摊售卖日杂用品，场地的栏杆边界也会用做衣被晾晒（图4.28）。

图4.27　样本1现场照片

图4.28　样本2现场照片

（3）样本3：群众艺术馆场地所属红星社区，是集服务外部培训、办公和社区居民使用为一体的兼容性功能场地。场地前区主要为外部使用功能，以交通通行为核心串联组织市民讲堂、展演、小天鹅培训等机构，场地后区为内部使用功能，主要设置有活动健身场地、物业和食堂等住区设施（图4.29）。

（4）样本4：世纪领域小区场地所属新民社区，是垂直组织社区公共空间的一个典型案例。场地与居民楼合建，地下层和一层设置停车场，兼容汽车维修、商业、娱乐等多种室内空间，二层通过活动场地连接各个单元入户区和物业办公室，场地整体居民使用度较高，尽管是开放性小区，但结合台阶有入户高差的设置，所以具有一定的私密性（图4.30）。

（5）样本5：唐人街小区场地所属桥梓口社区，也是在调研中采用垂直方式组织公共空间的另一样本案例。该场地较于样本4无论从功能和规模都更加丰富庞杂，且开放度更高，底层设置超商、药店、停车等，对社区内外使用者兼容，二层室外场地主要为通行和健身休憩功能，结合举办诸如纳凉晚会、科教宣传等社区活动时可以临时机动使用，室内底层空间提供物业、党群、生活服务和部分商业功能，主要面向住区内部人员使用（图4.31）。

（6）样本6：帝京补习学校场地所属兴盛社区，毗邻中小学校分布众多的西五路，该公共空间前身为单位大院的交通要道和活动场地，后改造成为兼容补习学校的复合型

图4.29　样本3现场照片

图4.30　样本4现场照片

图4.31　样本5现场照片

空间，院内汇集住户和学生两种主要使用人群，他们在时间和空间上既有复合共享使用的集约，又达成错位交替使用的平衡，成为老城社区公共空间改造的一类典型案例（图4.32）。

（7）样本7：粉巷街口绿地所属钟楼社区，是西安老城内为数不多的集中式绿地，区位佳，环境品质较高，但由于该绿地的功能形式单一，边界较为封闭，且园内树木繁密高大，接受阳光照射有限，空间私密性较强，在调研中发现该绿地在实际使用中活力度和使用效率并不高，多为老年人健身和社交娱乐所用（图4.33）。

（8）样本8：区政府门口绿地所属竹笆市社区，结合政府行政建筑设计采取中轴对称式布局，形象标识感强，两个场地根据节日和宣传活动设置展示装置，四面临车行

图4.32 样本6现场照片

图4.33 样本7现场照片

图4.34 样本8现场照片

路，植被主要以灌木为主，开放度很高，但是由于功能简单、私密感欠佳、基础设施缺乏，以及无法实现活动的连贯性等原因，导致绿地使用度较低，多为来此办公的人群休憩等待或者为周边居民健身散步的短暂停歇服务（图4.34）。

（9）样本9：东门小绿地所属建国路北段社区，是功能复合度较高的一片绿地，地下空间设置社区停车场地解决附近停车空间不够的问题，地面空间利用东门环形车道的三角场地改造为社区健身绿地，同时还设置有公交车停车站点，经常会有临时摊贩售卖食品和小商品，成为居民使用度较高的一块场地。但该场地改造完成时间不长，植被低矮稀少，遮蔽物较少，使用受天气影响较大（图4.35）。

（10）样本10：东仓门市场所属东仓门社区，毗邻顺城巷，由自发早市转变成正规市场，每日6：00-10：00固定售卖日用品和蔬菜食品，受欢迎程度高，人流密度较大，收摊后场地回归平静，成为附近居民锻炼和闲话家常的好去处。2010年后随着顺城巷的旅游开发，在保留市场的同时，下马陵沿线的家属大院也打开临街面，开设很多酒吧、书吧、创意餐厅等面向大众休闲消费的业态类型，经营时间常延至凌晨，也带动此地段的全时多元发展（图4.36）。

（11）样本11：南柳巷市场所属端履门社区，位于西安骡马市商圈的西侧，是近十年新晋出现的"网红"街区，每日9：00前开设早市沿街售卖蔬果以服务于周边居民，11：00左右店铺陆续开门，街道上开始涌现排队等候和闲逛的年轻人们，晚上19：00后又出现夜市摊位售卖日用品、衣物饰品、小吃等，直至23：00左右街道归于平静，但周边还有部分餐饮、娱乐场所持续营业至凌晨（图4.37）。

图4.35　样本9现场照片

图4.36　样本10现场照片

图4.37　样本11现场照片

图4.38　样本12现场照片

（12）样本12：三学街口书画市场所属三学街社区，与碑林博物院一墙之隔，服务于大量来碑林参观旅游的外来人群，形成沿街的书画摊位，进行书画工具、产品及旅游纪念品的售卖；同时，该场地也是三学街居民为数不多的集中活动场地，社区居民在此进行锻炼、社交和举办社区活动，但由于对使用场地和使用时间经常出现冲突的情况，空间组织较为混乱（图4.38）。

以上可见，这些社区公共空间样本在其发展进程中，逐渐形成人口和空间需求的双向驱动，社区公共空间更替方式也演化为三种形式：一是整体更替，主导方往往是政府或较有实力的经济组织，以自上而下的方式根据地段定位或发展目标组织建设，开发的完整度高，但资金需求大，对地段各方需求判断的要求较高，但很容易出现社会关注力高、环境品质好却没人问津的状况；二是渐进更替，多结合使用人员需求，以自上而下的方式进行空间品质的整体提升，这种更替方式形成的公共空间往往充满活力、人情味，并且使用效率较高，但常常由于缺乏宏观视野和整体统筹，容易出现空间组织混乱的问题；三是混合更替，这也是在调研中社区公共空间和各方需求互动平衡较好的一种使用状态，这类空间多是随着旧城更新已进行过1~2轮整体更替，开始时随着住区的建设同时开发或者根据上位规划进行空间的新建，随后在发展过程中，结合使用人群的需求，不断持续地进行着功能业态、空间布局的调整和完善。表4.8为调研中样本所采用的更替方式和更替前后的航拍图像呈现。

社区公共空间本更替状态呈现　　　　　　　　　表4.8

样本	空间类别	更替类型	更替图像	样本	空间类别	更替类型	更替图像
1.解放路篮球场地	广场类	整体更替	2006 → 2019	2.县仓巷健身场地	广场类	混合更替	2009 → 2019

样本	空间类别	更替类型	更替图像	样本	空间类别	更替类型	更替图像
3.群众艺术馆内场地	广场类	渐进更替	2008 ▶ 2019	4.世纪领域小区场地	广场类	渐进更替	2009 ▶ 2019
5.唐人街小区场地	广场类	混合更替	2009 ▶ 2019	6.帝京补习学校场地	广场类	渐进更替	2009 ▶ 2019
7.粉巷街口绿地	绿地类	混合更替	2008 ▶ 2019	8.碑林区政府门口绿地	绿地类	整体更替	2009 ▶ 2019
9.东门小绿地	绿地类	整体更替	2009 ▶ 2019	10.东仓门市场	街市类	混合更替	2009 ▶ 2019
11.南柳巷市场	街市类	混合更替	2009 ▶ 2019	12.三学街口书画市场	街市类	混合更替	2009 ▶ 2019

2．空间现状

公共空间样本总平面　　　　　　　　　　　　表4.9

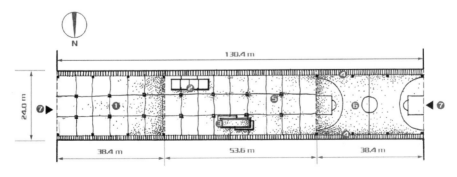

❶活动场地　❷休息座椅　❸滑板器械　❹沿街店铺　❺过街通道　❻篮球场地　❼出入口

1. 解放路篮球场地

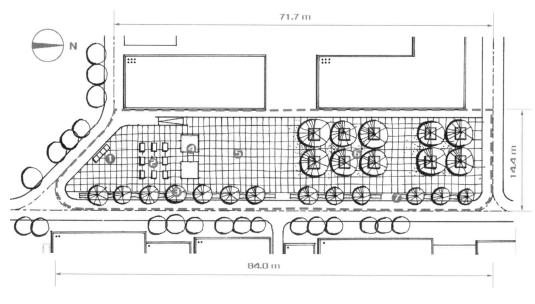

❶ 垃圾回收区　❷ 乒乓球场　❸ 夜市摊位　❹ 羽毛球场　❺ 活动场地　❻ 树阵休息区　❼ 沿街座椅

2. 县仓巷健身场地

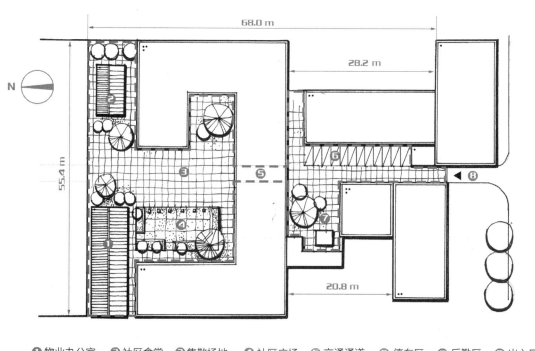

❶ 物业办公室　❷ 社区食堂　❸ 集散场地　❹ 社区广场　❺ 交通通道　❻ 停车区　❼ 后勤区　❽ 出入口

3. 群众艺术馆内场地

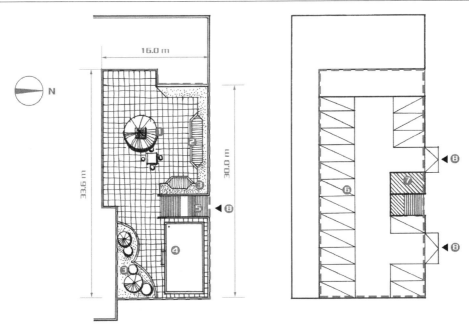

❶休闲座椅　❷健身运动区　❸绿化种植　❹物管中心　❺通行台阶　❻停车区　❼维修区　❽出入口

4. 世纪领域小区场地

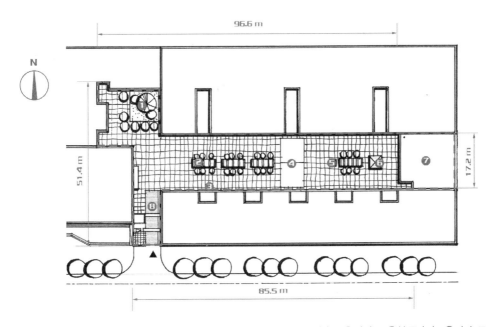

❶花房温室　❷健身器械区　❸底层商业　❹羽毛球场　❺绿化廊架　❻凉亭　❼社区中心　❽出入口

5. 唐人街小区场地

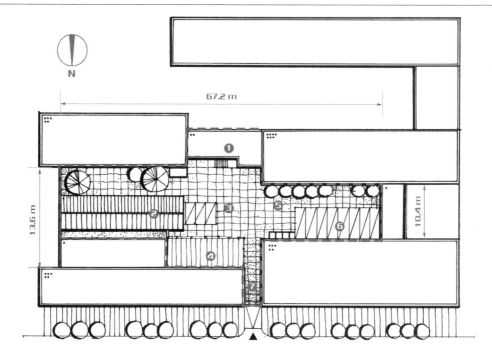

❶ 管理办公室　❷ 补习教室　❸ 活动集散场地　❹ 自行车棚　❺ 绿化种植区　❻ 停车区　❼ 出入口

6. 帝京补习学校场地

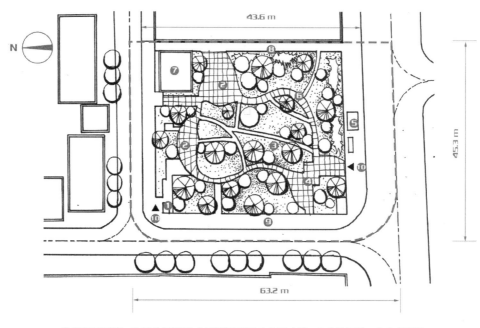

❶ 环卫工具房　❷ 活动聚集区　❸ 树阵活动区　❹ 休息座椅　❺ 市政设施　❻ 步行环路
❼ 公厕　❽ 消防通道　❾ 沿街步行　❿ 主要出入口

7. 粉巷街口绿地

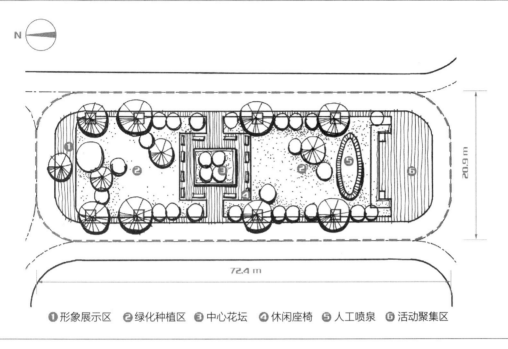

① 形象展示区　② 绿化种植区　③ 中心花坛　④ 休闲座椅　⑤ 人工喷泉　⑥ 活动聚集区

8. 碑林区政府门口绿地

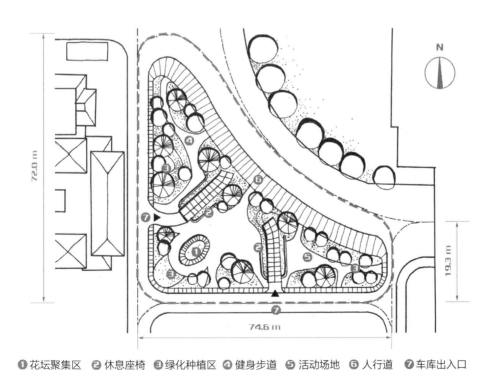

① 花坛聚集区　② 休息座椅　③ 绿化种植区　④ 健身步道　⑤ 活动场地　⑥ 人行道　⑦ 车库出入口

9. 东门小绿地

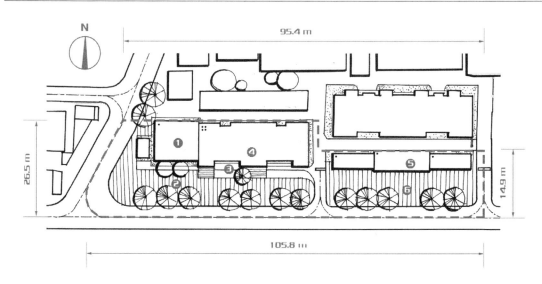

❶ 酒吧　❷ 早市/健身场地/步行街道　❸ 建筑室外场地　❹ 咖啡厅　❺ 闲置建筑　❻ 早市/步行街道

10. 东仓门市场

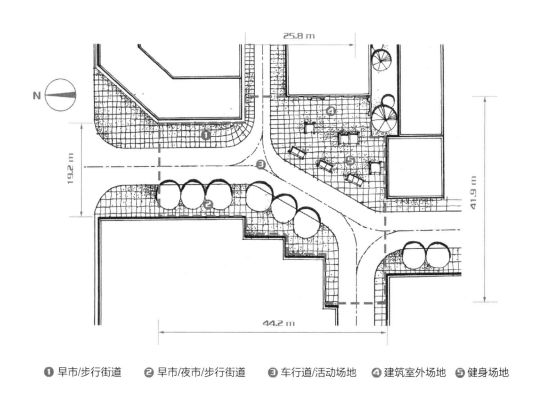

❶ 早市/步行街道　❷ 早市/夜市/步行街道　❸ 车行道/活动场地　❹ 建筑室外场地　❺ 健身场地

11．南柳巷市场

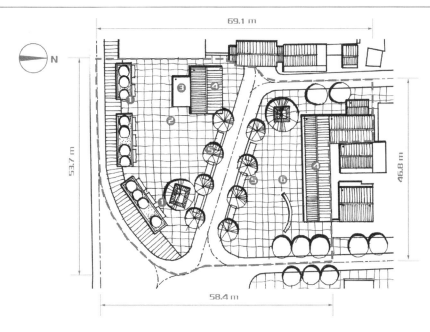

❶花坛座椅　❷健身器械场地　❸公厕　❹商业店铺　❺沿街摊位　❻文玩市场/健身场地

12．三学街口书画市场

表4.10为笔者对各样本的实测总平面图，在对现状尺度、面积、功能分析的基础上，进一步对功能单元、功能强度进行量化。同时，研究对样本的总用地面积、功能单元总面积以及功能强度等指标进行记录和统计（表4.10）。

西安老城社区公共空间综合指标统计表 表4.10

编号	样本公共空间	总用地面积 S_s（m^2）	功能单元总面积 S_f（m^2）	功能强度 S_s/S_o
1	解放路篮球场地	5216.1	5596.5	1.03
2	县仓巷健身场地	1448.3	1327.7	0.91
3	群众艺术馆内场地	1802.8	1607.2	0.89
4	世纪领域小区场地	1017.8	1555.4	1.53
5	唐人街小区场地	3880.1	5589.3	1.44
6	帝京补习学校场地	1063.0	1096.0	1.03

编号	样本公共空间	总用地面积 S_s（m^2）	功能单元总面积 S_f（m^2）	功能强度 S_s/S_o
7	粉巷街口绿地	2868.2	2357.4	0.82
8	碑林区政府门口绿地	2138.7	1664.2	0.78
9	东门小绿地	5041.0	6154.0	1.22
10	东仓门市场	2583.1	3698.6	1.47
11	南柳巷市场	2704.7	2750.8	1.02
12	三学街口书画市场	2857.9	3023.7	1.06

表4.10中，S_s（Site area）计为总用地面积，S_f（Funtional area）为所有统计的功能单元面积。在计算中，功能单元面积均以水平投影占地面积进行统计。如果样本中多个功能单元共同投影在同一区域，则总用地面积就会将叠合区域进行消减，只计一次面积。设 $\Delta S = |S_s - S_f|$，当 $S_s > S_f$，ΔS 越大则说明"未能"利用的区域面积越大，存在潜力挖掘的可能；当 $S_s = S_f$，则说明功能单元已经"占据"了整个用地，实现了功能的整体利用；当 $S_s < S_f$，ΔS 越大则说明功能单元已"溢出"用地，部分功能单元呈现立体叠合状态发展[131]。笔者进一步通过功能强度（Functional strength）的计算来评估功能单元在公共空间中的使用效率，用 S_f/S_s 表示，类似用地容积率的概念。通过统计12个样本的功能单元强度，可直观反映出社区公共空间内容纳的功能单元的利用状况。

结合调研可以得出，公共空间的功能强度的决定因素有以下两点：一是用地中功能单元的核心使用种类，种类越丰富（一般为3-5个），强度往往越大；二是用地中功能单元的联系，功能单元的连贯性较高、垂直化的属相连接，都可以有效提高空间的使用效率。

4.3.2 社区公共空间系统分析

1．功能图谱分析

针对内在功能单元使用，笔者分别梳理了12个社区公共空间样本的功能单元面积和利用情况（表4.11），其中，主导功能单元（后文称作功能核"MIX"）多为所在区域吸引大量人流，还可以延长居民的停留时间，使该区域一直保持人气活力；而辅助功能单元则主要为特定区域内的社区居民提供服务。

功能图谱 表4.11

样本	编码	空间功能单元	各功能区域面积	面积占比
1. 解放路篮球场地	A	商业售卖	1916.1	34.2%
	B	生活服务	166.9	3.0%
	D	文娱康乐	625.9	11.2%
	F	健身游憩	1768.3	31.6%
	G	交通通行	911.1	16.3%
	H	其他	208.2	3.7%
2. 县仓巷健身场地	A	商业售卖	65.8	5.0%
	B	生活服务	99.2	7.5%
	D	文娱康乐	127.3	9.6%
	F	健身游憩	440.5	33.2%
	G	交通通行	367.7	27.7%
	H	其他	227.2	17.1%
3. 群众艺术馆内场地	B	生活服务	219.5	13.7%
	D	文娱康乐	266.2	16.6%
	E	教育培训	107.1	6.7%
	F	健身游憩	154.9	9.6%
	G	交通通行	730.5	45.5%
	H	其他	128.8	8.0%
4. 世纪领域小区场地	A	商业售卖	200.8	12.9%
	B	生活服务	62	4.0%
	C	医疗看护	30	1.9%
	D	文娱康乐	152.2	9.8%
	E	教育培训	30.2	1.9%
	F	健身游憩	124.9	8.0%
	G	交通通行	955.3	61.4%
5. 唐人街小区场地	A	商业售卖	909.5	16.3%
	B	生活服务	832.3	14.9%
	C	医疗看护	128.8	8.3%
	D	文娱康乐	312.7	5.6%
	E	教育培训	204	3.6%
	F	健身游憩	946.9	16.9%
	G	交通通行	2091	37.4%
	H	其他	164.1	2.9%

样本	编码	空间功能单元	各功能区域面积	面积占比
6. 帝京补习学校场地	B	生活服务	145.4	13.27%
	E	教育培训	355.5	32.44%
	F	健身游憩	102.1	9.32%
	G	交通通行	456	41.61%
	H	其他	37	3.38%
7. 粉巷街口绿地	A	商业售卖	138.3	13.3%
	F	健身游憩	1118.1	32.4%
	G	交通通行	1021	9.3%
	H	其他	80	41.6%
8. 碑林区政府门口绿地	A	商业售卖	104	6.2%
	F	健身游憩	881.2	52.9%
	G	交通通行	604.7	36.3%
	H	其他	74.3	4.5%
9. 东门小绿地	A	商业售卖	95.2	1.5%
	F	健身游憩	1626.9	26.4%
	G	交通通行	4214.6	68.5%
	H	其他	217.3	3.5%
10. 东仓门市场	A	商业售卖	1571.9	42.5%
	B	生活服务	224	6.1%
	D	文娱康乐	670.5	18.1%
	F	健身游憩	499.2	13.5%
	G	交通通行	515.4	13.9%
	H	其他	217.6	5.9%
11. 南柳巷市场	A	商业售卖	720.4	26.2%
	B	生活服务	132.9	4.8%
	D	文娱康乐	129.4	4.7%
	E	教育培训	174.3	6.3%
	F	健身游憩	368.6	13.4%
	G	交通通行	1225.2	44.5%

样本	编码	空间功能单元	各功能区域面积	面积占比
12. 三学街口书画市场	A	商业售卖	934.2	30.9%
	B	生活服务	137.8	4.6%
	D	文娱康乐	181	6.0%
	F	健身游憩	1098.2	36.3%
	G	交通通行	534.9	17.7%
	H	其他	136.6	4.5%

通过进一步绘制和分析公共空间功能和人流密度的叠合图（表4.12），可以看出，图中密度呈现越高的部分，表示社区人口和空间使用的契合度越高，相应的该处叠加的功能单元数量越多；反之亦然。

功能单元和人流密度的叠合图　　　　　　　　表4.12

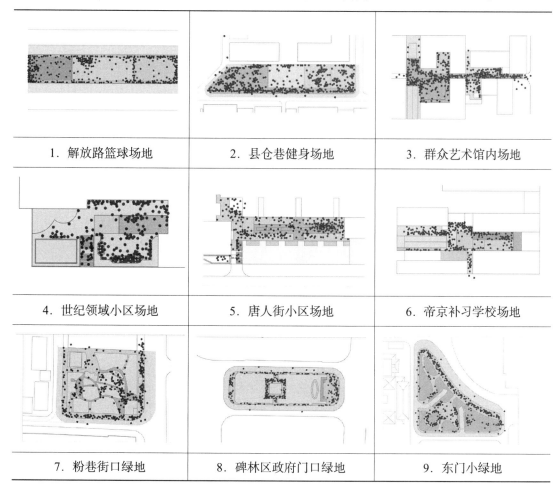

1. 解放路篮球场地	2. 县仓巷健身场地	3. 群众艺术馆内场地
4. 世纪领域小区场地	5. 唐人街小区场地	6. 帝京补习学校场地
7. 粉巷街口绿地	8. 碑林区政府门口绿地	9. 东门小绿地

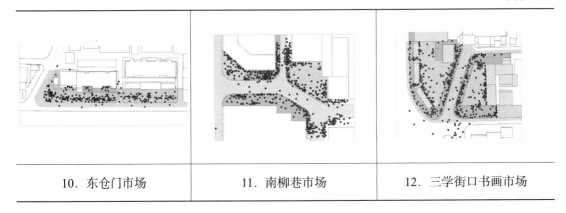

| 10. 东仓门市场 | 11. 南柳巷市场 | 12. 三学街口书画市场 |

在功能单元与人流密度的叠合图中发现，功能叠合度越高的空间，往往人流活动也较为集中。例如样本1围绕着健身运动综合场地的人流聚集度最高，功能单元也随之呈现出明显向心式功能数量递增的情况；样本10场地功能呈现时间交错性叠合，相应时间区间吸引不同使用人群，呈现出同一场地的分时功能叠合空间组织形态。但笔者在分析样本过程中也发现，个别案例有例外情况出现，如样本4和9，两者的功能叠合度都较高，是由于增设了地下层设置停车交通功能，但并不直接影响和反馈在人流密度的聚集程度。由此说明，单从叠合表现上并不足以支撑功能单元和人流密度的因果关系。

2．形态组织特征分析

在对上一部分功能单元的组织图谱梳理之后，笔者尝试进一步探讨功能核的构成和功能核与功能单元的空间关系，归纳出样本的空间结构模型（表4.13）。本文中对功能核的定义为：大于2种功能单元构成，规模比例达到60%及以上，通常居于结构构链中心位置，且与辅助功能相互链接，形成资源和信息的连通。简称作"MIX"。

空间形态组织特征　　　　　　　　　　　　表4.13

公共空间样本	空间形态组织模型	功能核类型和规模	功能核占比
1. 解放路篮球场地		A类：商业售卖，1916.1m² F类：健身游憩，1768.3m² G类：交通通行，911.9m²	82.1%

公共空间样本	空间形态组织模型	功能核类型和规模	功能核占比
2. 县仓巷健身场地		D类：文娱康乐，127.3m² F类：健身游憩，440.5m² G类：交通通行，367.7m²	70.5%
3. 群众艺术馆内场地		B类：生活服务，219.5m² D类：文娱康乐，266.2m² G类：交通通行，730.5m²	75.7%
4. 世纪领域小区场地		A类：商业售卖，200.8m² B类：生活服务，62.0m² G类：交通通行，955.3m²	78.3%
5. 唐人街小区场地		B类：生活服务，909.5m² F类：健身游憩，946.9m² G类：交通通行，2091.0m²	69.2%

公共空间样本	空间形态组织模型	功能核类型和规模	功能核占比
6. 帝京补习学校场地		E类：教育培训，355.5m² G类：交通通行，456.0.0m²	74.0%
7. 粉巷街口绿地		F类：健身游憩，1118.1m² G类：交通通行，1021.0m²	90.7%
8. 碑林区政府门口绿地		F类：健身游憩，881.2m² G类：交通通行，604.7m²	89.3%
9. 东门小绿地		F类：健身游憩，1626.9m² G类：交通通行，4214.6²	94.9%

公共空间样本	空间形态组织模型	功能核类型和规模	功能核占比
10. 东仓门市场		A类：商业售卖，1571.9m² D类：文娱康乐，670.5m² G类：交通通行，515.4m²	74.6%
11. 南柳巷市场		A类：商业售卖，720.4m² G类：交通通行，1225.2m²	70.7%
12. 三学街口书画市场		A类：商业售卖，934.2m² F类：健身游憩，1098.2m² G类：交通通行，1225.2 m²	84.9%

以场地类为主导的样本功能较为多元化，"MIX"主要以商业售卖、健身游憩和交通通行为主，其中样本1、4、5中以垂直空间布局形式进行功能组织，场地整体使用强度较高（>1），场地类功能核占比多集中在70%~80%左右；以绿地类为主导的样本功能较为单一化，"MIX"呈现较为同质化，基本以健身游憩和交通通行为主，辅助功能普遍缺失，场地整体使用强度较低（<1），其中只有样本9利用地下停车场上层空间设置绿地，利用率较好，绿地类功能核占比多集中在90%左右；以街市类为主导的样本功能较为丰富，"MIX"主要以商业售卖和交通通行为主，相较于场地类功能组织明显呈现

分时叠加的特性，市场售卖都以固定时段临时性占用为主，其他时段进行功能替换或空置，整体使用强度较高（>1），市场类功能核占比多集中在70%左右。

笔者进一步用功能构链模型将空间组织关系转化为更直观的图示（表4.14），通过确定功能核"MIX"在整个空间结构中的区位关系，分析功能核和辅助功能的连接程度和需求流向，结果表明，"MIX"基本位于空间几何中心或交通重要节点。连线越粗，表示功能链的连接黏度越大，需求流动越显著。

功能构链分析 表4.14

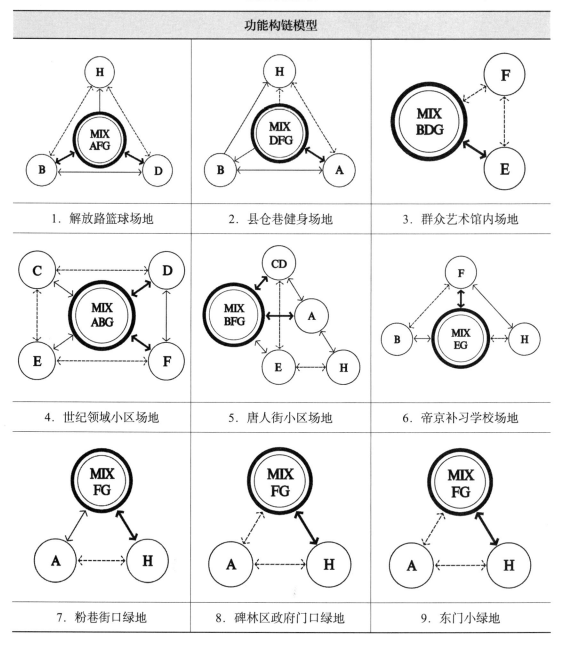

功能构链模型		
1. 解放路篮球场地	2. 县仓巷健身场地	3. 群众艺术馆内场地
4. 世纪领域小区场地	5. 唐人街小区场地	6. 帝京补习学校场地
7. 粉巷街口绿地	8. 碑林区政府门口绿地	9. 东门小绿地

功能构链模型		
10．东仓门市场	11．南柳巷市场	12．三学街口书画市场

其中，样本1、2、4功能核位于空间构链的中心位置，属典型的向心式对称结构，需求从内向外依次递减，且相应的辅助功能之间也能形成弱联系，共同为功能核提供资源反馈；样本7、8、9的功能单元和组织关系相近，同属绿地类，需求流线较为简单，也反映出空间使用方式中的单一化；而样本10、11、12则呈现出功能核相互嵌套、转换的时空特征，功能链组织结构和需求联系也更为复杂。

3．开放性及边界分析

本文中空间边界是指社区公共空间与城市空间之间的权属界定，在调研中发现边界多与公共空间的红线重合（表4.15、表4.16）。西安老城社区公共空间边界形式组织丰富多样，笔者依据边界材料和开敞形式将12个样本的空间边界划分为实墙边界、围栏边界、绿化边界以及柱状边界。其中，边界开敞率只计算地面部分。分析发现，在人群较为密集、空间活力度佳的样本中，相应的边界往往视觉开敞率较高，而准入开敞率则因实际布局和操作情况而异。

空间开敞率分析   表4.15

编号	样本公共空间	准入开敞率	视觉开敞率
1	解放路篮球场地	23.5%	23.5%
2	县仓巷健身场地	53.8%	68.9%
3	群众艺术馆内场地	6.8%	17.9%
4	世纪领域小区场地	7.4%	62.5%

编号	样本公共空间	准入开敞率	视觉开敞率
5	唐人街小区场地	5.6%	5.6%
6	帝京补习学校场地	2.7%	2.7%
7	粉巷街口绿地	15.1%	46.0%
8	碑林区政府门口绿地	7.9%	57.6%
9	东门小绿地	27.1%	67.8%
10	东仓门市场	67.7%	67.7%
11	南柳巷市场	30.1%	30.1%
12	三学街口书画市场	68.2%	72.2%

空间边界 表4.16

1. 解放路篮球场地	2. 县仓巷健身场地	3. 群众艺术馆内场地
4. 世纪领域小区场地	5. 唐人街小区场地	6. 帝京补习学校场地
7. 粉巷街口绿地	8. 碑林区政府门口绿地	9. 东门小绿地

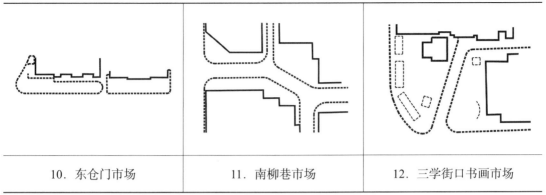

| 10. 东仓门市场 | 11. 南柳巷市场 | 12. 三学街口书画市场 |

注：—— 实墙边界 ----- 围栏边界 ==== 绿化边界 ■■■■ 柱状边界。

据公共空间边界实测估算，准入开敞率最高者是样本2、10、12，均达到50%以上，都是以室外场地为主，且基本为独立设置或临近社区公共建筑，安全性要求较低；而准入率较低的样本3、4、5、6，均在10%以下，样本基本依附于住区内部或利用二层入户平台设置公共空间，这类样本对公共空间的安全需求较高，基本以入口或台阶为唯一开敞界面。

根据公共空间边界分析，可见公共空间中视觉开敞率高的基本为绿化边界类，这类型形式对边界的柔化作用较强，几乎没有大尺度的实体遮挡，辅以围栏或低矮墙体，视觉通畅度较高，为路过、进入的居民创造了良好的公共空间展示场景，这种舒适交互界面也易于带来亲人的空间体验。但在调研中笔者发现也有个别反例，样本7为独立设置的社区绿地，区位优越，但由于围合界面的植被选择为密植的竹子，在竹叶生长期反而形成了一堵高大的"绿墙"，阻隔了阳光的进入，在调研中，很多附近居民竟然从来没去此地活动，绿地使用效率低下。因此，笔者认为，视觉互动性较好的边界是公共空间活力得以向外部延续的重要因素，在公共空间优化中应需特别注重空间边界开敞节奏和界面尺度、种植密度的考量。

4. 混合度测算

混合测度是评估与实证空间混合状况的基础，是一种用地状态，即具有兼容性的空间用途所形成的混合状态。"混合"本义指两种或两种以上的物质在各自保持原有性质的情况下组合在一起，既重视部分（保持原有性质），又兼顾整体（组合在一起），非常切合混合使用中差异与聚集的两个核心特征。[16]106参与混合的功能包含核心功能和辅助功能，核心功能"MIX"可以吸引大量人流的聚集，创造互动性公共活动，并能适当延长人员的停驻时间；而辅助功能则可以为场地里的特定群体提供他们所需服务。

比照本文所研究对象和类型，笔者选择了熵值法（Entropy）作为混合度研究计算方法。熵值法借用了物理学的概念，是最常用的混合测度方法。熵值法就可以反映功能利用的均衡程度。熵值程度越高，不同功能类型对应的数量也就越多，且各功能面积分布的也就越均衡[132]。在本研究中，如果社区公共空间只有一种功能，则表示功能严重失衡，混合度为最小值E=0；当有两种或多种功能进行混合时，每种功能所占比例均衡，则混合度指数达到E=1。

其公式为：

$$E = \left\{ \frac{\sum\left[(P_i)\ln(P_i)\right]}{\ln N} \right\} \quad (i=1, 2, 3\cdots N)$$

式中：

E——功能混合程度的熵值；

N——功能类别的数量；

P_i——第i类功能所占总功能的比例。

根据前文功能图谱所计算出来的功能数量和功能比例，依次求得12个样本的混合度为（表4.17）：

样本混合度测算   表4.17

编号	样本公共空间	混合度	编号	样本公共空间	混合度
1	解放路篮球场地	0.83	7	粉巷街口绿地	0.88
2	县仓巷健身场地	0.89	8	碑林区政府门口绿地	0.73
3	群众艺术馆内场地	0.86	9	东门小绿地	0.57
4	世纪领域小区场地	0.65	10	东仓门市场	0.87
5	唐人街小区场地	0.88	11	南柳巷市场	0.81
6	帝京补习学校场地	0.82	12	三学街口书画市场	0.83

混合度数据能初步反映出12个公共空间样本的功能混合的差异程度。测度结果显示，样本普遍混合度较高，多在0.7-0.8区间，表明功能之间的平衡度较好，与样本现状基本相符。其中，样本4和样本9混合度偏低的原因主要在于其单一功能的纯粹性和面积的大幅占比使得混合度受到影响。

笔者发现，大多数情况下功能混合度高与使用活力度高的场地是具有一致性的，表明使用者对空间的聚集效应和功能的多元化有直接关联，并且活力度高的情况下一般功能之间的均衡度和联系性也就越佳。但也有个别样本不完全吻合，例如样本3中混合度较好，但实际调查中使用活力和空间利用率并不高，主要原因是预设的多种功能相互关联较弱，有些功能（例如表演、上下课、停车等）只发生在特定的时段和区域内，虽实现了部分实现了时空压缩和错时使用，但却不利于空间活力的延续和能效的累积。而样本9虽然混合度较低，功能主要以绿地间的交通通行为主，但场所之间的互动性较好，有效激发了居民的交流交往能力，其空间组织非常成功，具有较强的借鉴意义。

5. 时间利用情况分析

在研究中，除了功能数量和占比的混合，有学者认为功能混合还包括两种或两种以上的具有兼容性特征的用地在时空范围中形成的混合状态[133]，笔者发现这种功能混合主要体现在以下两种情况：一是，同一时间内，各功能单元同时兼容于同一空间中；二是，同一空间内，各功能单元随着时间演替发生功能和空间形态上的更迭调换。利用这种功能单元的混合概念，本研究可以更完整地剖析样本的功能混合模型。

针对样本，功能单元将其主要使用空间及相关服务设施的开放时间作为该功能单元允许社区居民共同使用的时段，即功能"发生"的时段，即功能的空间行为得以延续的时间段；反之视为功能"不发生"，将不能在该时间段内实现原有机能。本研究以"时间"为单位对全日功能类别的时间存续进行研究（表4.18、表4.19）。表4.18橙色环的长度代表不同的功能单元的开放时段，各环之间的重叠部分反映出功能单元的交替共享。

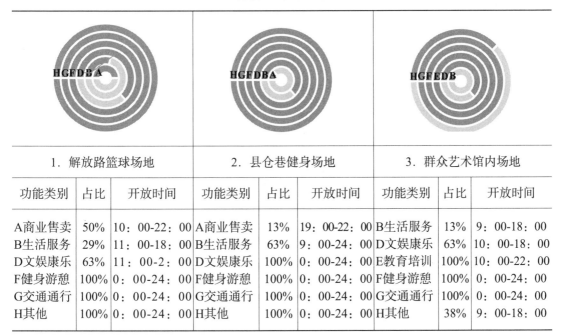

时间利用状况分析								表4.18
1．解放路篮球场地			2．县仓巷健身场地			3．群众艺术馆内场地		
功能类别	占比	开放时间	功能类别	占比	开放时间	功能类别	占比	开放时间
A商业售卖	50%	10：00-22：00	A商业售卖	13%	19：00-22：00	B生活服务	13%	9：00-18：00
B生活服务	29%	11：00-18：00	B生活服务	63%	9：00-24：00	D文娱康乐	63%	10：00-18：00
D文娱康乐	63%	11：00-2：00	D文娱康乐	100%	0：00-24：00	E教育培训	100%	10：00-22：00
F健身游憩	100%	0：00-24：00	F健身游憩	100%	0：00-24：00	F健身游憩	100%	0：00-24：00
G交通通行	100%	0：00-24：00	G交通通行	100%	0：00-24：00	G交通通行	100%	0：00-24：00
H其他	100%	0：00-24：00	H其他	100%	0：00-24：00	H其他	38%	9：00-18：00

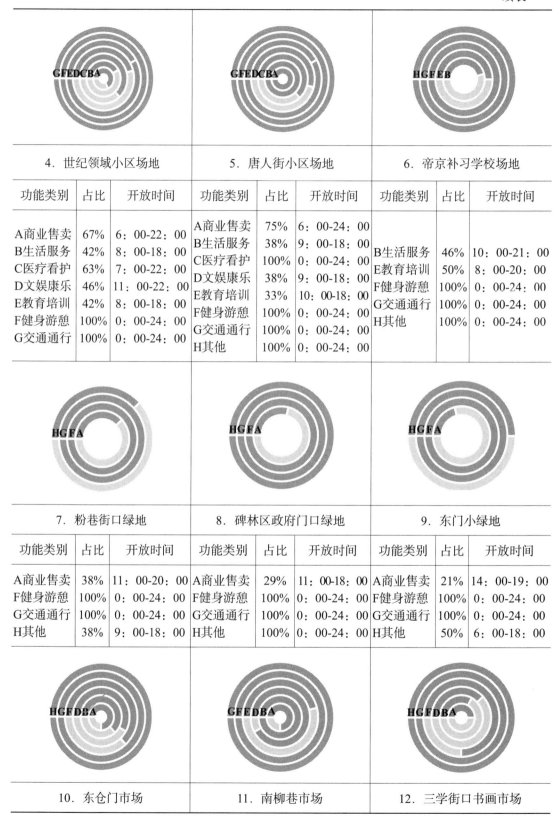

4. 世纪领域小区场地			5. 唐人街小区场地			6. 帝京补习学校场地		
功能类别	占比	开放时间	功能类别	占比	开放时间	功能类别	占比	开放时间
A商业售卖	67%	6：00-22：00	A商业售卖	75%	6：00-24：00			
B生活服务	42%	8：00-18：00	B生活服务	38%	9：00-18：00	B生活服务	46%	10：00-21：00
C医疗看护	63%	7：00-22：00	C医疗看护	100%	0：00-24：00	E教育培训	50%	8：00-20：00
D文娱康乐	46%	11：00-22：00	D文娱康乐	38%	9：00-18：00	F健身游憩	100%	0：00-24：00
E教育培训	42%	8：00-18：00	E教育培训	33%	10：00-18：00	G交通通行	100%	0：00-24：00
F健身游憩	100%	0：00-24：00	F健身游憩	100%	0：00-24：00	H其他	100%	0：00-24：00
G交通通行	100%	0：00-24：00	G交通通行	100%	0：00-24：00			
			H其他	100%	0：00-24：00			

7. 粉巷街口绿地			8. 碑林区政府门口绿地			9. 东门小绿地		
功能类别	占比	开放时间	功能类别	占比	开放时间	功能类别	占比	开放时间
A商业售卖	38%	11：00-20：00	A商业售卖	29%	11：00-18：00	A商业售卖	21%	14：00-19：00
F健身游憩	100%	0：00-24：00	F健身游憩	100%	0：00-24：00	F健身游憩	100%	0：00-24：00
G交通通行	100%	0：00-24：00	G交通通行	100%	0：00-24：00	G交通通行	100%	0：00-24：00
H其他	38%	9：00-18：00	H其他	100%	0：00-24：00	H其他	50%	6：00-18：00

10. 东仓门市场	11. 南柳巷市场	12. 三学街口书画市场

功能类别	占比	开放时间	功能类别	占比	开放时间	功能类别	占比	开放时间
A商业售卖	75%	6：00-24：00	A商业售卖	75%	6：00-24：00	A商业售卖	50%	10：00-22：00
B生活服务	63%	10：00-18：00	B生活服务	100%	0：00-24：00	B生活服务	33%	10：00-18：00
D文娱康乐	58%	12：00-2：00	D文娱康乐	92%	2：00-24：00	D文娱康乐	38%	12：00-21：00
F健身游憩	63%	9：00-24：00	E教育培训	46%	10：00-21：00	F健身游憩	75%	6：00-24：00
G交通通行	100%	0：00-24：00	F健身游憩	100%	0：00-24：00	G交通通行	100%	0：00-24：00
H其他	100%	0：00-24：00	G交通通行	100%	0：00-24：00	H其他	100%	0：00-24：00

样本时间利用率测算结果　　　　　　　　　　　　　　表4.19

编号	样本公共空间	时间利用率	编号	样本公共空间	时间利用率
1	解放路篮球场地	74%	7	粉巷街口绿地	69%
2	县仓巷健身场地	79%	8	碑林区政府门口绿地	82%
3	群众艺术馆内场地	69%	9	东门小绿地	68%
4	世纪领域小区场地	66%	10	东仓门市场	77%
5	唐人街小区场地	73%	11	南柳巷市场	86%
6	帝京补习学校场地	79%	12	三学街口书画市场	66%

在样本10、12中，可发现商业售卖、健身游憩和交通通行功能循环交替利用着同一个空间，这种空间功能转换借由空间物件的可移动性和可适应性决定。例如早市摊贩，往往会自制各式简易收纳的贩卖展位或利用三轮车、小型货车的车厢进行货物布置。由于早市、夜市摊位有经营时间限制，从开市到闭市，一般时间都设定为三四小时左右，一到撤场时间，大部分摊商约10-20分钟即可完成所有带来的装备、物件和商品的安置或收纳；这些从业者多有数十年的"练摊"经验，相互配合默契，对道路环境的清扫整理意识较高。

4.3.3 社区公共空间更替特征总结

1. 从功能的单一分区转向紧凑化、混合化发展

西安老城公共空间环境具有典型高密、紧凑的特点。从功能布局上，公共空间的面积、数量、分布等受到既有空间的制约，使得功能分区难以遵循"区划"，形成了混杂交

错的组织结构。从空间规划上，公共用地的破碎化和分散化使得各个公共空间之间场地的关联性和互补性较弱，只能尽量在有限的用地范围内实施多功能混合来提高用地效率，因此可以看到大部分社区公共空间中都综合设置了商业、休闲、交通、医疗等多重功能。

2．从街道线形开放空间生长为虚实相融、点线结合的公共空间布局模式

受历史演进的传承和生活方式的影响，西安老城形成了以线性街道为依托的空间组织模式，在社区公共空间中进一步延续、放大了多种功能、多样形式的密集化日常活动。通常来说，形成了两个层面的公共活动空间，一类是依托沿街的建筑底层空间形成主要的活动场所，这类型空间往往面向街道开放，采用水平连接、连廊架空、凹凸空间、错动高差等多重方式，形成了室内外空间相结合的灰空间塑造层次；另一类则是由街道节点空间放大而发展成的公共空间，一般独立专门化设置，开敞度较高且对使用的限制较少，适宜开展聚集性活动。

3．从单纯二维化的平立面改造向三维立体化的空间优化趋势

随着建造技术的进步，社区公共空间环境的多维、立体化的空间形态也成了社区更新的新趋势，通过对局部空间适当处理来增强联系，在近年来的社区公共空间改造中尤为普遍，更好地解决了当代生活中复杂的交通、停车、商业、广场等问题。主要表现为利用建筑屋顶露台、利用垂直交通、利用地下腔体重新组织空间结构和穿越路径，形成了"圈层式"和"立体化"的活动场所。

4.4 本章小结

本章梳理西安老城社区公共空间演变的发展历程，归纳西安社区公共空间具有依托传统街巷空间生长、多时期规模尺度相互"拼贴"、与社区居民社会关系的转变息息相关的历史演变特征；提出以功能单元作为各类社区公共空间的分类边界，利用空间数据深入剖析12个具有更替状态或更新潜质的公共空间样本在功能规模、形态组织、边界形式、混合使用、时间利用等方面的基本属性及效应。探讨受历史演进的传承和生活方式的影响，老城形成的以街道为依托、具有较强开放性的社区公共空间，在用地布局上呈现紧凑性、多功能混合性的特征，并随着建造技术的进步，开始积极向三维立体化设计探索。

第 5 章

"人口—空间"
相关性分析

在对社区人口和公共空间现状特征分析的基础上，总结"人口—空间"的现状问题，利用人工神经网络对影响西安老城社区公共空间满意度的关键性关联数据进行中心化和标准化的预处理，计算确定主成分在各线性组合中的系数，验证社区公共空间的"人口—空间"相关性强弱程度，预测公共空间的人群使用偏好属性。

5.1 西安老城社区公共空间"人口—空间"现状问题

在城市更新速度加快、空间资源竞争激烈的现实背景下，西安老城社区公共空间"人口"与"空间"的非关联性、非适应性问题日渐凸显，主要体现在关系网络脱域、使用时空失衡和系统层级断裂等方面（图5.1），严重影响到其公共属性和效能发挥，一味追求单纯物质空间提高之路已无法适应当前社会需求。

图5.1 社区公共空间"人口"与"空间"失配问题总结

　　　　　　　　"人口—空间"双更替的西安老城社区公共空间设计模式

5.1.1 社区公共空间关系网络脱域

"推倒式"的开发建设和居民对环境的改善需求导致西安老城社区人口外流严重，社区内社会关系网络断裂，内向的"熟人生活"转变为异质的"生人社会"，社区公共空间走向"脱域共同体"[134]。

1. 人居结构离散疏离

随着改革开放后国家经济体制的变更，社区的内涵发生了变化："以往那种地域分界清晰、人员同质稳定、权属管理严格的社区一去不返，多元、异质的社会关系网络成为了维系现在社区存在的重要因素"[135]。最突出的表现为"居民间从相遇、相识、相知，到建立交往圈，并重组社会邻里结构，社会关系网络的可能性随着异质性人群人数的增加而减少"[136]。居住在同一社区内的居民往往可能来自不同的城市和领域，社区居民对居住住所的选择自由度逐渐变大，发展过程中长期存在的地缘、业缘逐渐消失，"熟人社区"式微，其直接结果就是社区居民间私人联系减少，隐私观念强化，邻里关系疏离。

2. 新移民身份融入障碍

社会分工的日益细化、区域交通的高效联系，使人们因为学习、工作的流动性明显提高，部分原住民由于生活的改善需求搬出城外，对自己的房屋进行出售或出租。而这些房屋通常地处中心区，教育、医疗设施配套齐全、交通出行便利，尽管环境略显破旧，却很受来此工作、就学的家庭和外来务工人群青睐。同时，由于大部分西安老城社区门禁管理宽松、开放度较高，且房租低廉，也吸引众多创业人群入驻。但新移民人群由于身份认同模糊，对社区归属感缺乏，社区融入过程较慢，他们更关心社区公共空间福利、设施提供和安全性保障问题（表5.1），对社区内交往活动、事务参与和治理管制多表现为漠不关心[137]。

新"移民"群体在老城社区社区融入的障碍　　　　　　　　　　　表5.1

体现层面		群体现状	障碍表征
个体生活层面	经济收入	普遍较低，房贷、租金负担高	消费需要支付比原住民更多成本，如房租、医疗、教育等
	职业分布	相对固化且不稳定	经常随着工作机会搬迁，租赁关系短期性、不稳定
	休闲方式	闲暇时间少，休闲方式单一	公共设施缺乏，缺少多元人群消费和休闲场所
	信息获取	不了解政策法规，消息来源不公开透明	不享受社区相关福利，并且暂住、计生、就学等相关手续繁杂耗时

体现层面		群体现状	障碍表征
群体社交层面	人际交往	接触面狭小,交往范围局限在亲缘和业缘群体	与原住民生活相对隔离,相对淡漠的邻里关系,浅层性交往
	社会组织	社会原子化,缺少正式组织和社会支持网络	作为外来人口,没有社区活动参与途径
	心理归属	身份认同模糊,城市过客、外来者意识强烈	空间陌生感、疏离感强,精神孤独压抑,文化差异大

3.公私界限侵占突破

社区公共空间的使用属性是公共产品,具有非排他性和公益性的基本特点,说明社区公共空间资源应该可以供全体社区居民共同无偿使用,但实际生活中,经常会发生个体对公共空间的使用常常会影响到其他个体或群体,并产生相互干扰和排斥。[138]同时,老城社区居民在公共空间的实际使用中存在一定的竞争心理,刻意模糊了"公用"和"私用"的边界,异化了对"公"的认知,试图以"私利"取代"公利"。公共空间既是社区公共事务活动开展的载体与平台,也成为居民各种生活矛盾冲突的集中发生地,例如老城社区居民间经常就晒衣、停车、广场舞、种地等空间进行抢占,居民与物业、摊贩就管理、收益上的矛盾,都切实反映出公私界限上的角逐与较量。

4.空间治理管制缺失

西安老城社区公共空间的治理主体责权普遍模糊。目前社区公共空间最主要的治理者包括政府、居委会、物业等,但由于部分空间无物业管理,由居委会代为管理存在精力和作为不够的问题,居民自身参与意愿较低,使得社区公共空间常处于"三不管"的尴尬境地。空间治理主体的权利边界模糊、责任界定复杂,再加上"无法可依、无律可管",场所公共秩序的建立明显滞后,也就自然理解在公共空间中发生乱停乱放、异化侵占等问题时无从管理的困境。如果既没有公序良俗作为道德准则可循,又缺少法制工具进行规范约束,就会使社区公共空间治理常常陷入缺席状态,公共参与也就无从谈起。

5.1.2 社区公共空间使用时空失衡

目前西安老城社区公共空间的主要使用主体是老人与幼儿,活动多围绕健身场地、小花园和社区出入口展开,活动时段集中在清晨和午后;而数量占到大多数的上班族、中青年人群由于归家时间较晚,仅对少量夜间经营类公共空间进行使用,社区公共空间整体利用率不高，日夜活动强度差异度较大。

1. 公共空间供需矛盾

公共空间总量缺乏的问题在老城社区中尤为明显。在城市化发展初期，政府通常以经济发展和快速住房建设为优先目标，对于利润微薄的社区公共空间建设改造的积极性低，在规划设计中公共空间也往往不受重视，经常是在建筑、道路确定后用来填充空缺，对于其本身的结构和体系考虑少之又少。因此，随着这些年社区人口的膨胀性增加，就会导致原有城市基础设施缺乏、景观绿地和活动场地稀缺这样的城市问题频频凸显，公共空间资源捉襟见肘，从而引发一系列的公共空间争夺、侵占甚至是破坏事件。

2. 功能使用发生转型

科技的发展带来居民消遣方式日益增多，交往已不仅依靠在面对面的接触层面上，人们可以凭借电话、短信、邮件等网络工具发生间接和虚拟的联系，使交往与情感更加密切，社区公共空间成为了O2O的媒介之一。再加上社会分工和行业分支的进一步细化，社区居民需要与自己工作、技能、兴趣有联系的人发生合作、交往的可能性较大，并且比重正在呈上升趋势。这就对老城社区公共空间的功能设置提出更高要求：逐步向精细化、定制化和信息化转型，而传统功能单一、形式呆板的公共空间限制了居民在其中的活动类型和使用方式，难以适应多元人口交往和空间转型诉求。

3. 空间环境低品失效

伴随长期的城市更新过程，老城社区基本上都是在之前相对同质的城市空间基础上演化而成，高密度城市环境中的社区公共空间本应成为人们释放压力的舞台、生活呼吸的"绿肺"，现实中却因"大杂院"的拥挤、杂乱、陈旧，失去了交流的空间，公共空间得不到高效使用（图5.2）。有的公共空间成为晾晒衣物、摆放闲置用品以补充室内空

（a）场地占用为商业经营　　　（b）儿童异用成人设施　　　（c）杂物无序乱堆乱放

图5.2　社区公共空间失效使用

间容量的"收纳柜"，还有的由于长期不合理规划造成了大量的"失落空间"。同时公共空间的氛围营造也决定着使用感受，老旧社区公共空间普遍的流水式工程往往缺乏特色，设计手法大多平铺直叙且缺乏空间趣味，装饰和色彩过时老旧，居民得不到良好的使用体验。

4．人文关怀长期缺位

市场机制下，公益性基础设施被"商业化"现象严重，政府的社会性行为往往被经济性行为取代，弱势群体对于社区公共空间的需求常常被忽视，老年人、未成年人、残疾人的专门化设计在社区内并未得到足够的响应。西安老城社区内无障碍设施和基本的导视系统严重缺乏，新版《城市居住区规划设计标准》GB 50180-2018中要求的日间照料中心、养老院等公益性服务设施寥寥无几；社区中为数不多活动场地对儿童活动支持度低，儿童异用成人休闲、健身设施现象普遍，甚少的玩乐游憩场所迫使中小学生放学后经常在街道上逗留玩耍，基本的归家安全得不到保障。因此，人文关怀视角下的公共空间环境友好问题必须引起关注，并应将其作为城市社区建设合理性与人性化的重要评价指标。

5.1.3 社区公共空间系统层级断裂

大部分西安老城社区都利用门禁系统来阻止外部人员进入，但是形成的封闭界面造成了公共空间零散、破碎、无序化，无法实现公共空间网络体系的层级性配置和连贯性路径，开放度和公共性也大打折扣，场所要求的识别、定向特质也得不到体现。

1．空间"孤岛"现象严峻

老城社区经较长时间跨度，往往无法形成清晰的组织结构，建筑组群呈现出"见缝插针"的拼贴状态，随之产生的公共空间往往只是建筑与道路红线间的剩余空间，类"马赛克"化，公共空间之间相互隔离、缺乏必要的功能关联，部分空间划地而作，甚至完全由机动车道路围合而成，成为一座座步行"孤岛"（图5.3），建筑、设施、场地之间不能相互补充和激励，社区公共空间无法发挥出应有的统筹作用。

2．慢性系统零散破碎

社区公共空间通常也涵盖基本的交通职能，起到联系周边、定向指引、车辆停泊等作用。随着汽车保有量的不断增加，停车位严重缺乏，人车矛盾激化：大量车辆随机"插空"停放，堵塞或占用了行人道路、活动场地；此外，随着共享单车的蓬勃发展，

图5.3 公共空间成为"孤岛"

（a）汽车堵塞活动空间　　　　（b）单车乱停在场地入口　　　　（c）加建建筑阻挡步行通道

图5.4 社区公共空间慢性系统破碎

街道两侧出现了很多单车乱停乱放的现象（图5.4），许多原来用于活动的公共空间受到了削弱，往昔居民间互相交流的热闹场景不复存在。同时，门禁系统切断了城市支路，社区内部尺度一再扩大，居民步行出行意愿降低，在社区公共空间中表现为空间的可达性不佳、慢行路径单一化、停车设施场地不足等问题，潜藏着严重的隐患。

3．边界阻隔城市渗透

"活动是从内部和朝向公共空间中心的边界发展起来的"[139]，社区内、外进行分隔和联系的空间即构成边界，它是社区公共空间重要的组成部分和活动起点。但很多老城社区实行的封闭模式却肢解了公共空间的完整性，边界空间处理要么是规划整齐、一字排开的商业空间，要么是界限生硬的隔离墙体或有距离感的高耸围栏，甚至还会出现夸张尺度的突兀建筑，这种非交往性公共空间阻隔了社区与城市的渗透关系（图5.5），再加上非前瞻性建设对城市界面连续性的破坏，导致众多使用失效的消极空间出现，社区公共交往场所的重要性被严重忽视。

4．场所精神无法体现

由于老城社区人口结构和用地功能出现持续更替，社区公共空间面临着大规模的

（a）一堵墙阻隔开两个小区　　　　　　　（b）硬质边界墙划分内外空间

（c）商业空间阻隔公共空间向外渗透

图5.5　社区公共空间边界阻隔

重构，这其中既包括物质空间，也涵盖了社会、历史、人文空间。可以看到，随着城市大规模地盲目建设与改造，承载着传统市井生活和历史文化底蕴的传统社区日趋衰败，只能遗憾地看着具有历史遗存风貌的公共空间频频遭到破坏，消失不见，社区公共空间呈现出千篇一律的怪象，公共空间几乎不具备对传统历史文脉的延续性和在地生活的可读性。

5.2 基于满意度训练的社区公共空间"人口—空间"相关性分析

人工神经网络是一种在生物神经网络的启发下建立起来的一种数据处理模型，最早起源于20世纪40年代，近些年来是人工智能领域新兴的研究热点之一。[140]神经网络具有较强的自组织、自学习能力和对输入数据的冗余容错特性，在趋势分析、模式识别和系统模拟方面优势明显[141]。经由几十年的研究和发展，在建筑工程造价、建筑结构、建筑管理等领域已经得到了较好的应用前景。但目前，该方法在城市更新领域的应用还较少。在本论文中，笔者尝试将其运用到社区公共空间分析层面，希望通过机器训练来尝试研究"人口—空间"动态性发展中的规律与预测问题。

5.2.1 人工神经网络理论下"人口—空间"相关性方法构建

人工神经网络算法模拟了人脑的神经网络工作原理，使以往的一些经验性知识和数据能够得到充分利用，特别是针对多元非线性的建模方式。通常会选用MATLAB工具箱来作为神经网络训练和仿真的常用工具。[142]

人工神经网络之所以发展得如此迅速，主要得益于两个特点（表5.2）：

人工神经网络的发展特点 表5.2

1. 非线性逼近功能	对神经网络而言，各个节点（人工神经元）在网络中处于激活或者抑制的状态，在数学上就表现为非线性关系。整体而言，神经网络将训练的信息存储在各节点的连接权值中，理论上就可以实现各种非线性映射
2. 自学习和自适应性	在神经网络建模的过程中，相当于给神经网络输入新的训练样本，神经网络可以改变映射关系，自动调整相应的权值参数，进而对特定的输入产生期望的输出。相比传统的使用固定推理方式的系统具有更强的自学习和自适应性，也更加接近生物神经网络的运行规律

不同于以往的理论推导公式，人工神经网络的特点是通过收集和归纳一定数量的已有评价数据，来总结出研究对象与影响因素之间的关系，并通过分析和建立这些关系模型来预测未知结果。[143]例如想要社区人口对公共空间的使用规律，可以通过利用人工神经网络对前期调查数据进行预测，掌握社区公共空间评价的影响因素。人工神经网络会通过计算、预测来分析这些因素对公共空间评价的影响。对于社区公共空间优化而言，只需给出这些影响因素，即可预测出公共空间给人的感受。

人工神经网络由输入层（Input layer）、隐藏层（Hidden layer）和输出层（Output layer）三个部分组成。其工作原理为：通过输入层导入基础数据，在隐藏层中进行数据训练，由输出层导出计算结果（图5.6）。[144]因此，应用人工神经网络首先应确定输入输出数据，由于各个输入指标和输出指标之间数值差异大，在进入系统前，需要对原始数据进行中心化和标准化处理，然后根据模型目标和数据类型构建合适的神经网络，并进行多频次训练，获取满足精度要求的拟合网络，最后利用对应数据得到仿真结果。

运用神经网络仿真工具Matlab可以进行网络训练仿真，隐含层传递函数采用S型函数（tansig），输出层传递函数采用线性函数（purelin），网络训练的终止参数为最大训练次数1000次，训练函数采用BP默认的trainlm，该函数的优点是网络的收敛速度快，预测精度高[145]。经过这种多次、反复地迭代学习，神经网络的误差基本就可以在控制

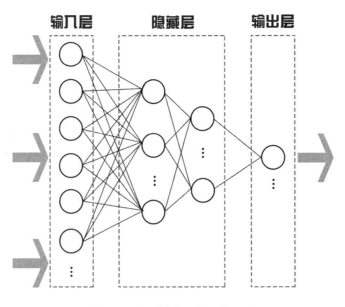

图5.6　人工神经网络工作原理

值之内[146]。以社区公共空间影响因素预测为例，公共空间的实际评价结果如果与神经网络预测结果偏差较大，实验则会重新确定输入数据、重复测试，直到两项结果表征出现最佳拟合度。

本章研究使用图5.7、图5.8的方法流程来完成对整个基于数据的老城社区公共空间的分析工作。

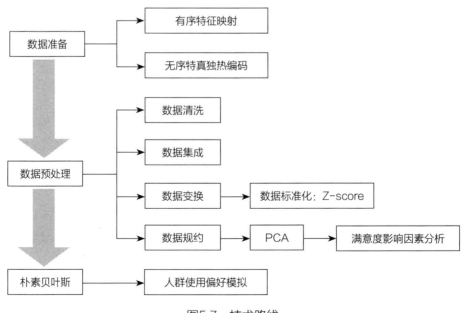

图5.7　技术路线

　　　　　　　　"人口—空间"双更替的西安老城社区公共空间设计模式

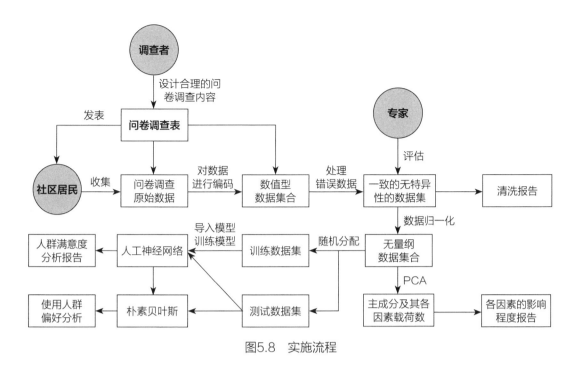

图5.8 实施流程

5.2.2 "人口—空间"满意度评价现状

1. 满意度评分体系及问题设置

居民满意度是评价公共空间的重要指标。在设计满意度评分体系时，笔者尝试建立"人口""空间"双评价问题系统（表5.3），探究满意度影响是出于公共空间对居民自身基础属性的受限还是在无差别受众中公共空间的使用属性的问题，尝试构建出"属性"和"空间"的因果联系。

公共空间使用满意度问题设置 表5.3

"人口"		"空间"	
基础属性	问题设置（正向评价 / 反向评价）	使用属性	问题设置（正向评价 / 反向评价）
年龄	老少皆宜 / 无对应年龄段使用功能	使用目的	使用功能丰富 / 使用功能单一
性别	无性别偏向 / 有性别指向	使用频率	空间布局紧凑 / 空间布局混乱
工作形式	开放度高 / 开放度低	使用时段	不限使用时间 / 使用时间受限
受教育程度	环境品质佳 / 环境品质不佳	使用时长	活动连贯性佳 / 活动连贯性欠佳

2．满意度总体评价

以五分制作为评价量化等级标准，获取社区居民对样本的满意度评价。非常不满意计1分，非满意计5分，按照"非常不满意、比较不满意、一般、比较满意、非常满意"依次分数向上递增1分。

调研结果显示（表5.4、图5.9），居民对社区公共空间整体满意度较一般，其中，广场类和街市类公共空间相对满意度较高，主观评价得分分别为3.54和3.48，绿地类公共空间满意度一般，主观评价得分为3.00。

公共空间使用满意度统计表　　　　　　　　　　　　表5.4

目的＼类型	广场类	绿地类	街市类
非常不满意	8.0%	10.6%	2.7%
比较不满意	11.5%	20.4%	8.0%
一般	16.8%	34.5%	37.2%
比较满意	46.0%	27.4%	43.4%
非常满意	17.7%	7.1%	8.8%
平均分	3.54	3.00	3.48

3．不满意度原因剖析

根据居民对公共空间的满意度评价结果，笔者对其不满意的原因进行进一步追访，结果显示（表5.5、图5.10），广场类公共空间不满意的主要原因集中在使用功能单一、环境品质不佳和空间布局混乱方面，绿地类公共空间不满意原因较为多元，功能、布局和环境方面都亟需提升，街市类公共空间的问题主要在环境品质不高、功能单一和空间布局混乱方面。由此可见居民普遍对公共空间环境品质有较高的期待，期望能在合理使用时间内尽可能地满足多元诉求，且具有较清晰的组织路径。

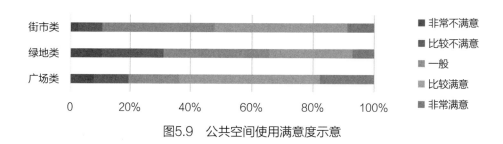

图5.9　公共空间使用满意度示意

　　　　　　　　　"人口—空间"双更替的西安老城社区公共空间设计模式

类型 目的	广场类	绿地类	市场类
无年龄对应功能	5.3%	2.7%	2.7%
有性别指向	2.7%	7.1%	1.8%
开放度低	10.6%	14.2%	8.8%
环境品质不佳	23.9%	21.2%	35.4%
使用功能单一	27.4%	21.2%	14.2%
空间布局混乱	10.6%	14.2%	8.8%
使用时间受限	2.7%	8.0%	9.7%
活动连贯性欠佳	6.2%	8.8%	1.8%

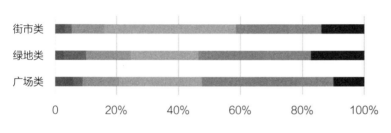

图5.10　公共空间存在问题分析

4．公共空间复合意向添加诉求

公共空间的多元功能复合使用是实现优化的重要内容，在调研中，对问卷里提出的"您认为在使用此公共空间是否需要添加其他功能"选项作答情况中，大部分居民都认为需要在现有空间基础上复合其他功能（表5.6），特别是街市类公共空间，超过九成居民认为现有空间功能单调，不能满足市场所具备的"买"和"逛"的双重体验。

公共空间认为是否添加功能统计表　　　　　　　　表5.6

类型 目的	广场类	绿地类	街市类
是	69.9%	81.4%	90.3%
否	30.1%	18.6%	9.7%

因此，本文就三类社区公共空间进行深入问卷调查（表5.7），广场类公共空间大部分居民认为应进一步添加文体娱乐功能，特别是社区图书馆的呼声较大，占比14.7%，同时居民们也希望广场类公共空间能结合生活服务设施和交通设施就近布置，对公共停车场和公厕的功能添加诉求强烈，分别达到9.1%和10.5%；绿地类社区公共空间居民对休闲游憩功能的完善和提升尤为看重，特别是各类场地的修缮诉求较高，希望在社区绿地内可以添加诸如茶馆、图书馆、健身馆等提升绿地品质的多元功能场所；街市类公共空间居民使用率最高，因此对交通可达性的要求较高，大部分居民认为街市可以将传统的售卖活动进一步优化，丰富售卖的业态类型，并且和制作、培训、品鉴等活动结合在一起，增强市场的体验性和全年龄段的适应性，值得一提的是，在调研中很多青年人希望公共空间能添加部分社交、培训和创业办公功能，也与当代人工作性质的转型需求相契合。

公共空间可添加功能意向统计表　　　　　　　　　　表5.7

广场类								功能占比
商业售卖	便利店	菜市场	餐馆	超市	咖啡店/茶馆	其他		
	2.3%	0.8%	1.1%	4.8%	1.4%	0.6%		11.0%
生活服务	银行	通讯营业厅	维修站点	邮局驿站	社区物管中心	美容美发	公厕	其他
	2.0%	1.1%	2.5%	2.8%	0.6%	1.1%	10.5%	0.6%	21.2%
医疗看护	诊所	保健康养	社区医院	药房	托老所	老年养护中心	其他	
	0.3%	0.8%	0.3%	1.7%	3.7%	0	0		6.8%
文体娱乐	电影院	酒吧	社区图书馆	棋牌室	网吧	健身场馆	其他	
	4.8%	0.8%	14.7%	1.4%	0.3%	7.4%	0		29.5%
办公培训	早教机构	培训机构	工坊	共享办公	个人工作室	自习室	其他	
	1.1%	0.8%	2.0%	0.6%	1.1%	0.8%	0.8%		7.4%
交通通行	公共停车场	公交车站	地铁站	自行车租赁	其他			
	9.1%	0.3%	0.3%	1.7%	0.0%				11.3%
休闲游憩	健身场地	运动场地	儿童游乐场	集会广场	花园	其他		
	4.5%	2.3%	3.1%	0.8%	1.1%	0.8%			12.7%

	绿地类							功能占比
商业售卖	便利店	菜市场	餐馆	超市	咖啡店/茶馆	其他		
	2.8%	0	3.4%	0.9%	7.8%	0.6%		15.5%
生活服务	银行	通讯营业厅	维修站点	邮局驿站	社区物管中心	美容美发	公厕	其他	
	0	0	0.6%	0.3%	0	0	9.6%	0.6%	11.2%
医疗看护	诊所	保健康养	社区医院	药房	托老所	老年养护中心	其他		
	0	1.9%	0.3%	0.3%	5.3%	0.6%	0		8.4%
文体娱乐	电影院	酒吧	社区图书馆	棋牌室	网吧	健身场馆	其他		
	0.3%	1.6%	11.5%	2.2%	0	1.2%	0.3%		17.1%
办公培训	早教机构	培训机构	工坊	共享办公	个人工作室	自习室	其他		
	0.3%	0.3%	0.3%	0.6%	0.3%	0	0		1.9%
交通通行	公共停车场	公交车站	地铁站	自行车租赁	其他				
	6.8%	0.3%	0.3%	5.0%	0				12.4%
休闲游憩	健身场地	运动场地	儿童游乐场	集会广场	花园	其他			
	8.4%	11.8%	9.0%	2.2%	1.6%	0.6%			33.5%

	市场类							功能占比
商业售卖	便利店	菜市场	餐馆	超市	咖啡店/茶馆	其他		
	1.2%	1.5%	8.7%	5.1%	4.5%	0.6%		21.6%
生活服务	银行	通讯营业厅	维修站点	邮局驿站	社区物管中心	美容美发	公厕	其他	
	0	0	3.3%	1.2%	0.6%	0	6.6%	0.9%	12.6%
医疗看护	诊所	保健康养	社区医院	药房	托老所	老年养护中心	其他		
	0	1.2%	0.3%	0.3%	2.4%	1.2%	0		5.4%
文体娱乐	电影院	酒吧	社区图书馆	棋牌室	网吧	健身场馆	其他		
	0.6%	1.5%	3.3%	3.0%	0	2.7%	0.3%		11.4%

	市场类							功能占比
办公培训	早教机构	培训机构	工坊	共享办公	个人工作室	自习室	其他	
	0	0	11.4%	0.6%	2.4%	1.5%	0	15.9%
交通通行	公共停车场	公交车站	地铁站	自行车租赁	其他			
	2.1%	4.5%	0.3%	3.9%	1.5%			12.3%
休闲游憩	健身场地	运动场地	儿童游乐场	集会广场	花园	其他		
	3.6%	2.7%	9.3%	2.1%	2.4%	0.6%		20.7%

可以看出，使用者普遍对公共空间需要功能复合的建议接受度较高，说明居民的功能诉求和现代生活转型需求相契合。老城公共空间普遍存在功能利用不足的问题，所以在调研中大部分使用者对于需要添加和修正功能都表示认可，在公共空间新添加的功能中，既有历史"遗留"问题，诸如停车场地不够、公厕不好找等，也有随着现代人生活新产生的新需求，比如年轻人在社区内需要有创业办公的"第三空间"，市场需要兼有制作和饮食等"浸入式"体验功能等，这都需要公共空间在其优化过程中予以回应并对未来新发展的需求留有弹性余地。

5.2.3 "人口—空间"满意度相关性分析与预测

1. 数据的准备与导入

调查者首先根据想要了解信息设计合理的问卷调查表，将该问卷调查表随机分发给不同区域的不同年龄段的居民，然后将所有的调查文件进行统计，形成原始数据，该数据集来源真实、可靠。

其次，对问卷所有数据进行汇总，可得到原始数据见附录，共339条有效记录（图5.11）。

通过观察，该数据集中含有无序特征（性别、使用目的、工作）、有序特征（年龄、受教育程度、使用频率、使用时段、使用时长）和数值型特征（居民满意度）。除了居民满意度和使用目的作为标签外，其余属性作为影响因素进行分析。

笔者将字符串类型赋予整型值，为了保证训练模型能够正确地识别和计算有序特征，各有序属性转化规则如表5.8至表5.12所示。

公共空间5　广场类（万达篮球场地）

	性别	年龄	受教育程度	工作时间	使用目的	使用频率	使用时段	使用时长	居民满意度	居民不满意原因
样本102	女	16-30岁	本科（含大专）	朝九晚五	买日常用品	每周2-3次	12:00-16:00	16-30min	4	使用功能单一
样本103	女	<16岁	高中（含中专）	不工作（上学）	锻炼健身	每天1次	16:00-19:00	31-60min	4	空间布局混乱
样本104	女	46-60岁	高中（含中专）	不工作（退休）	散步游憩	半月一次	12:00-16:00	>60min	5	—
样本105	男	31-45岁	高中（含中专）	不工作	买日常用品	每周1次	19:00-22:00	0-15min	4	环境品质不佳
样本106	男	31-45岁	本科（含大专）	适度自由	锻炼健身	每周1次	19:00-22:00	16-30min	5	—
样本107	女	16-30岁	本科（含大专）	适度自由	就/买餐	每天1次	19:00-22:00	31-60min	3	服务设施缺乏
样本108	女	16-30岁	高中（含中专）	朝九晚五	社交娱乐	每周2-3次	22:00-6:00	>60min	4	使用时间有所限制
样本109	女	<16岁	高中（含中专）	不工作（上学）	锻炼健身	偶尔去	9:00-12:00	31-60min	4	活动连贯性不强
样本110	女	16-30岁	高中（含中专）	朝九晚五	买日常用品	每周1次	16:00-19:00	0-15min	4	使用功能单一
样本111	女	<16岁	高中（含中专）	不工作（上学）	散步游憩	每天1次	16:00-19:00	>60min	5	—
样本112	男	16-30岁	本科（含大专）	朝九晚五	锻炼健身	每周1次	19:00-22:00	>60min	4	空间布局混乱
样本113	女	31-45岁	本科（含大专）	朝九晚五	社交娱乐	每周2-3次	9:00-12:00	16-30min	3	环境品质不佳
样本114	男	31-45岁	硕士及以上	需要加班	买日常用品	每周1次	19:00-22:00	16-30min	5	—
样本115	女	16-30岁	高中（含中专）	不工作（上学）	锻炼健身	每周2-3次	19:00-22:00	31-60min	1	空间布局混乱
样本116	男	31-45岁	本科（含大专）	三班倒	散步游憩	每天1次	19:00-22:00	31-60min	4	地点不好找
样本117	女	31-45岁	本科（含大专）	需要在家工作	社交娱乐	偶尔去	12:00-16:00	16-30min	4	使用功能单一
样本118	男	46-60岁	高中（含中专）	朝九晚五	锻炼健身	每周1次	12:00-16:00	>60min	4	使用功能单一
样本119	女	16-30岁	初中及以下	三班倒	社交娱乐	每周1次	19:00-22:00	>60min	4	空间布局混乱
样本120	女	16-30岁	本科（含大专）	适度自由	散步游憩	每周1次	19:00-22:00	31-60min	5	—
样本121	男	16-30岁	本科（含大专）	适度自由	就/买餐	每周1次	12:00-16:00	31-60min	4	使用功能单一
样本122	男	46-60岁	本科（含大专）	朝九晚五	锻炼健身	每周2-3次	19:00-22:00	31-60min	4	地点不好找
样本123	女	46-60岁	本科（含大专）	朝九晚五	散步游憩	每周2-3次	19:00-22:00	16-30min	3	活动连贯性不强
样本124	男	31-45岁	本科（含大专）	朝九晚五	社交娱乐	每周2-3次	19:00-22:00	31-60min	4	使用时间有所限制
样本125	男	16-30岁	本科（含大专）	需要加班	散步游憩	每天1次	22:00-6:00	31-60min	4	活动连贯性不强
样本126	男	31-45岁	硕士及以上	朝九晚五	办公培训	每天1次	9:00-12:00	>60min	5	

图5.11　调查样本部分数据

"年龄"属性字符串与整数值对应关系　　　　　表5.8

年龄（age）				
<16岁	16-30岁	30-45岁	45-60岁	>60岁
1	2	3	4	5

"受教育程度"属性字符串与整数值对应关系　　　　　表5.9

受教育程度（education）			
初中及以下	高中/中专	本科/大专	硕士及以上
1	2	3	4

"使用频率"属性字符串与整数值对应关系　　　　　表5.10

频率（F）						
偶尔去	每月1次	半月1次	每周2-3次	每周1次	每天1次	每天若干次
1	2	3	4	5	6	7

"使用时长"属性字符串与整数值对应关系　　　　　表5.11

使用时长（long）			
<15min	16-30min	31-60min	>60min
1	2	3	4

"使用时段"属性字符串与整数值对应关系 表5.12

使用时段（time）					
6：00-9：00	9：00-12：00	12：00-16：00	16：00-19：00	19：00-22：00	22：00-6：00
1	2	3	4	5	6

对于无序离散特性，不能和有序属性一样进行直接映射，因为无序属性没有明显的大小关系，比如，工作属性中，不能说"不工作"的值比"三班倒"的值要大，这样进行比较是没有意义的。因此，本研究使用独热编码（one-hot encoding）方式进行处理，为每一个无序数值创建一个哑特征（dummy feature），无序特征属性进行编码及其对应规则如表5.13和表5.14所示。

"性别"属性字符串与整数值对应关系 表5.13

属性\属性值	男（Man）	女（Woman）
Man	1	0
Woman	0	1

"工作"属性字符串与整数值对应关系 表5.14

属性\属性值	不工作/退休（work1）	在家工作/适度自由（work2）	三班倒（work3）	朝九晚五（work4）	需要加班/上学（work5）
work1	1	0	0	0	0
work2	0	1	0	0	0
work3	0	0	1	0	0
work4	0	0	0	1	0
work5	0	0	0	0	1

最后，根据问卷调查表将居民满意度属性和居民使用目的属性的特征值与指定含义进行对应，映射方式如表5.15和表5.16所示。

"居民满意度"属性字符串与整数值对应关系 表5.15

居民满意度（satisfied）				
非常不满意	比较不满意	一般	比较满意	非常满意
1	2	3	4	5

"使用"属性字符串与整数值对应关系 表5.16

使用目的（purpose）											
买菜	买日用品	就/买餐	取快递	接送孩子	就医保健	锻炼健身	散步游憩	业务办理	社交娱乐	办公培训	候车租车
1	2	3	4	5	6	7	8	9	10	11	12

2．数据预处理

数据预处理主要是指在对数据在主要计算和分析之前对数据预先进行的一些处理方式。数据预处理包括数据清洗、数据集成、数据变换和数据规约等。[147]这些数据预处理方法的使用不仅大大提高了数据挖掘质量，而且缩短了数据分析的时间。

在对原始问卷调查数据进行编码和相关处理之后，可以得到了数值型的数据集，接下来就可以开展相关的分析了。整个数据集一共有339条记录，14个属性信息，其中，输入属性12个，输出目标2个，各个属性的含义及其特征值如表5.17所示。

数据集特征描述 表5.17

输入	有序特征	年龄（age）	整数类型（1-5）	
		受教育程度（education）	整数类型（1-4）	
		频率（F）	整数类型（1-7）	
		使用时长（long）	整数类型（1-4）	
		使用时段（time）	整数类型（1-6）	
	无序特征	性别（gender）	男（Man）	布尔类型（0/1）
			女（Woman）	布尔类型（0/1）
		工作（work）	不工作/退休（work1）	布尔类型（0/1）
			在家工作/适度自由（work2）	布尔类型（0/1）
			三班倒（work3）	布尔类型（0/1）
			朝九晚五（work4）	布尔类型（0/1）
			需要加班/上学（work5）	布尔类型（0/1）

	目的（purpose）	整数类型（1-12）
输出	满意度（satisfied）	整数类型（1-5）

注：在对有序属性进行整数化的时候，按照正常的思维方式，即年龄越大，对应的整数值也就越大；受教育程度越高，对应的整数值也就越大；使用越频繁，对应的整数值也就越大；使用时间越晚，对应整数值也就越大；使用时间越长，对应整数值也就越大。

3．数据标准化

数据标准化是数据挖掘的一项基础工作，将整个数据集按照一定的比例进行缩放，使得所有的特征值全部包含在一个小的固定区间内。数据的标准化操作通常在某些比较或评价指标处理过程中使用，这样做可以去除数据的单位限制，将有量纲的数据转化为无量纲的数据，便于对不同单位或量级的指标进行比较或加权[148]。常用的方法有min-max标准化、Z-score标准化方法等，经比较，本次测试适用于Z-score方法。

Z-score标准化方法一般会使用原始数据的均值和标准差进行数据处理，经过处理的数据应服从标准的正态分布[149]，呈现均值为0，标准差为1，转化函数为：

$$X^* = \frac{x - \mu}{\sigma}$$

注：其中μ为样本数据的均值，σ为样本数据的标准差。通过对原始数据进行归一化操作，不仅可以提升模型的收敛速度，而且提升模型的精度。

mapminmax语句的语法格式是：

> ［y1，PS］= mapminmax（x1），
> 其中x1是归一的矩阵，y1是计算结果。
> 默认的mapminmax归一到［-1，1］，可以添加参数，使得归一到［0，1］，［train_input_gy，PS］= mapminmax（train_input，0，1）。
> 当需要对另外一组数据做归一时，就可以用下面的方法做同类处理，y2 = mapminmax（'apply'，x2，PS）
> 要使用此函数，则矩阵的每一行为一个维度，每一列为一个样本。

4．主成分分析

主成分分析法（PCA）是把原来多个变量划为少数几个综合指标的一种统计分析方法，把原来众多具有一定相关性的指标，重新组合成一组新的互相无关的综合指标来代替原来的指标[150]。可以说，主成分分析法是一种经典的数据集降维算法，PCA的主要目的是将n维的数据集映射到k（k≤n）维的数据集上，这k维的正交特征称之为"主成

分"[151]。基于特征分析协方差矩阵实现的PCA方法的流程如下：

假设输入数据集为：$X = \{x_1, x_2 \ldots\ldots, x_n\}$，需要降到k维。

去中心化。首先分别求出每个因素的平均值，然后对于所有的样本，都减去一直对应的平均值，使用如下公式计算样本均值：

$$\overline{X} = \frac{1}{n} \sum_{i=1}^{N} x_i$$

计算协方差矩阵$\frac{1}{n}XX^T$。使用如下公式计算样本方差和样本X和样本Y的方差：

$$S^2 = \frac{1}{n-1} \sum_{i=1}^{n} \left(x_i - \overline{x}\right)^2$$

$$\mathrm{Cov}(X,Y) = E\left[(X - E(X))(Y - E(Y))\right] = \frac{1}{n-1} \sum_{i=1}^{n} \left(x_i - \overline{x}\right)\left(y_i - \overline{y}\right)$$

如果是三维数据，那么计算它的协方差就是：

$$\mathrm{Cov}(X,Y,Z) = \begin{bmatrix} Cov(x,x) & Cov(x,y) & Cov(x,z) \\ Cov(y,x) & Cov(y,y) & Cov(y,z) \\ Cov(z,x) & Cov(z,y) & Cov(z,z) \end{bmatrix}$$

协方差矩阵$\frac{1}{n}XX^T$可以用特征值分解方法求得。如果一个向量v是矩阵A的特征向量，将一定可以表示为下边的形式：

$$Av = \lambda v$$

其中，λ是特征向量v对应的特征值。

对特征值从大到小进行排序，选择其中最大的k个，然后将对应的k个特征向量作为行向量组成特征向量矩阵P[152]。

即$Y = PX$。

（1）确定主成分系数

代入公式为：

```
stdr = std(train_input_gy);            %求各变量的标准差
[n，m] = size(train_input);            %矩阵的行与列
sddata = train_input./stdr(ones(n,1),  %标准化变换
[p，princ，egenvalue] = pca(sddata);   %调用主成分
p = p(:, 1:4);                         %输出前4主成分系数
sc = princ(:, 1:4);                    %前4主成分量
egenvalue;                             %相关系数矩阵的特征值，即各主成
                                        分所占比例
per = 100 * egenvalue / sum(egenvalue) %各个主成分所占百分比
```

通过数据标准化和PCA主成分分析之后，可以得到新的主成分及其百分比如表5.18所示，其中每个主成分按大小进行排序。

主成分及其贡献率 表5.18

主成分	实验1	主成分	实验1	主成分	实验1
Z1	37.74%	Z2	26.42%	Z3	13.00%
Z4	8.69%	Z5	8.06%	Z6	1.93%
Z7	1.27%	Z8	1.16%	Z9	1.01%
Z10	0.68%	Z11	0.19%	Z12	0.06%

本文选取主成分占比较大的作为新标准，由表可以得出主成分Z1、Z2、Z3、Z4的百分比之和为85.87%，因此可以选择Z1、Z2、Z3和Z4作为主成分，这四个主成分系数如表5.19所示。

成分矩阵 表5.19

主成分 原属性	Z1	Z2	Z3	Z4
Man	0.0103	−0.0077	−0.0298	−0.0273
Woman	−0.0103	0.0077	0.0298	0.0273
Work1	0.0482	−0.0605	0.1286	0.0214
Work2	−0.0146	−0.0605	−0.0069	−0.0137
Work3	−0.0152	0.0095	−0.0065	0.0048
Work4	−0.0018	0.0240	−0.0276	−0.0515
Work5	−0.0315	0.0348	−0.1040	0.0462
Age	0.2586	−0.3616	0.8384	−0.0200
Education	−0.1453	0.0437	−0.2158	−0.1398
F	0.9092	0.3750	−0.1461	0.0438
Time	−0.2757	0.8483	0.4459	−0.0644
Long	−0.0731	0.0382	0.0210	0.9834

从表5.18中可以看出，Z1、Z2、Z3和Z4主成分对应于原指标的载荷数，例如，Z1对于Man的载荷数为0.0103。对各指标所拥有的四个主成分进行加权平均，得到各因素

在综合得分模型中的系数如表5.20所示。

各因素在得分模型中的系数　　　　　　　　　　表5.20

Man	−0.0051	Woman	0.0051	Work1	0.0242
Work2	−0.0085	Work3	−0.0042	Work4	−0.0028
Work5	−0.0142	Age	0.1274	Education	−0.0973
F	0.4974	Time	0.2008	Long	0.0823

（2）结果分析

根据上述可以得到12个输入对输出因子在得分模型中的系数进行归一化，结果如表5.21所示：

各因素在得分模型中的归一化系数　　　　　　　　　表5.21

特征	相关性	影响方式
频率（F）	0.465153282	正相关
使用时段（time）	0.187761756	正相关
年龄（age）	0.119140259	正相关
受教育程度（education）	−0.090956518	负相关
使用时长（long）	0.076927173	正相关
不工作/退休（Work1）	0.022648474	正相关
需要加班/上学（Work5）	−0.013294221	负相关
需要在家工作/适度自由（work2）	−0.00794507	负相关
男（Man）	−0.004787034	负相关
女（Woman）	0.004787034	正相关
三班倒（work3）	−0.003968128	负相关
朝九晚五（work4）	−0.002631051	负相关

注：该表按照各个因素对满意度的影响程度进行排序，相关性指出的是该因素对应的影响因子，正数表示正相关，负数表示负相关，正相关代表结果的变化方式和影响因素的变化方式相同。

从分析结果可以看出，对结果影响较大的因素有使用频率、使用时段和年龄，这三个因子对居民的满意程度影响较大，它们的影响因子程度均超过了10%，居民的使用频率越大，满意度也越高；在使用时段中特别是9：00—12：00，居民的整体满意度较高；

随着居民年龄的增大，对社区公共空间的满意度也不断增加；除此之外，其他的因素对居民满意度也有一定程度的影响，比如：居民的受教育程度越高，对于社区公共空间的各方面要求也就越高，在调查中他们的满意度普遍偏低。因此，对于社区居民使用频率高的地方，应尽可能地提高使用的利用率和弹性，使得公共空间更加的便捷和高效的为社区居民提供服务，同样，可以根据不同时间点人们对公共空间的使用情况，相应的对资源进行合理的分配。

5．神经网络训练模型

上述步骤对原始数据进行了预处理及其主成分分析，接下来使用神经网络nntool工具包对数据集进行训练预测。

首先，需要将数据导入matlab工作区，将整个训练样本集进行数据预处理之后，按照一定比例划分训练集和测试集，再将两个集合的特征和便签分离用作输入和输出。在将所有训练和测试所需的数据导入工具包后，下一步就是按照一定规则建立神经网络对导入数据进行学习以获得有用结果，图5.12为创建人工神经网络模型的界面，本文将m取值为3-12范围内进行测试，寻找最好的结果。

通过上述方法创建出神经网络模型之后，进入Train选项卡，选择训练数据对此神经网络进行训练，参数设置完成之后（图5.13、图5.14），训练此神经网络结果如图5.15所示。

使用训练数据集训练出神经网络之后，为了测试该神经网络的性能和效果，需要使用测试数据集进行测试，比对原始标签和预测标签（图5.16）。

基于数据量有限的情况下，训练模型可能获取不到更多的数据特征，对数据的属性作一个预处理，先将不同场所的样品合并为一类，然后对实验数据中的满意度类别进行划分，将满意度大于3（不需要对公共空间提出意见的人群）作为一类，将满意度不大于3（需要对公共空间提出改进意见的人群）作为另一类，这样，就得出了339个具有八个属性的样品和它们对应的两种不同满意度结果，这样处理

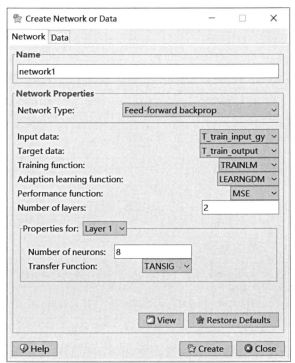

图5.12　神经网络模型设置界面

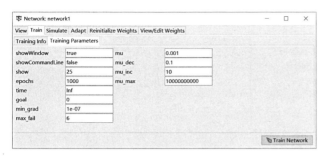

图5.13　模型主要参数设置

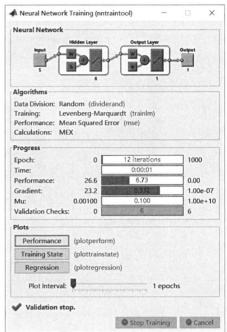

图5.14　神经网络测试阶段

图5.15　网络训练结果图

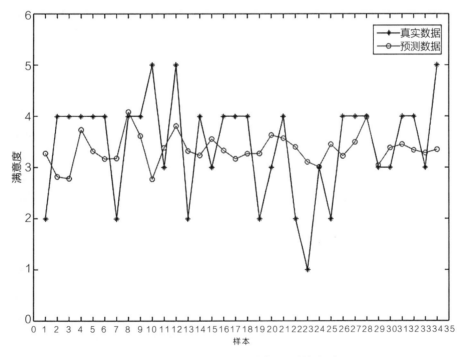

图5.16　测试用例的实际值与预测值比对图

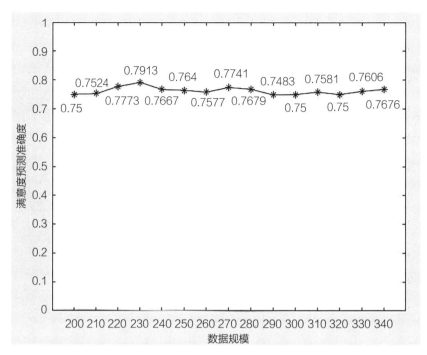

图5.17　神经网络预测结果

后，所得的数据集对原本的样品信息改变不会太大，但是能对模型训练结果产生很大影响。

图5.17表示的是经过上述处理之后根据不同的数据规模测试出的满意度预测准确度折线图，可以看出，使用上述方法进行改进之后此模型的预测精度比较平缓，基本达到了75%左右，当数据规模在230的时候，预测精度最高为79%，当290的时候，预测精度达到最低为74%。

笔者发现，使用频率、年龄和使用时段是对居民满意度影响最为重要的三个因素，因此在得到基于人工神经网络的满意度预测模型之后，需进一步分析在不同的年龄段下、处于不同时刻下使用频率的变化对满意度的影响（图5.18），为下节居民使用偏好分析提供依据。

5.2.4　社区公共空间使用偏好模拟

1．朴素贝叶斯实验基本原理

朴素贝叶斯是一种经典的分类算法，其思想基础是：对于给出的待分类项，求解在此项出现的条件下各个类别出现的概率，哪个最大就认为此待分类项属于哪个类别[153]。

　　　　　"人口—空间"双更替的西安老城社区公共空间设计模式

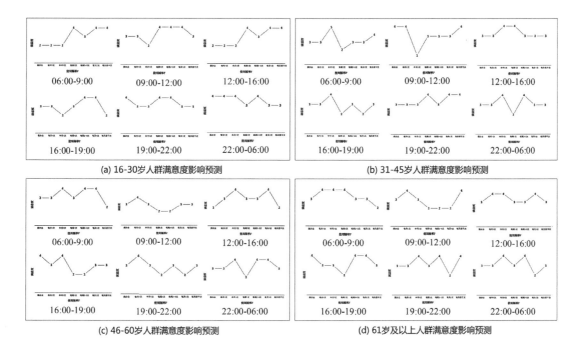

(a) 16-30岁人群满意度影响预测　　　　　　　(b) 31-45岁人群满意度影响预测

(c) 46-60岁人群满意度影响预测　　　　　　　(d) 61岁及以上人群满意度影响预测

图5.18　各年龄满意度影响预测

朴素贝叶斯分类的方法步骤如下：

> 一般在计算中会选择：
> （1）找到一个待分类项的训练样本集；
> （2）得到在各类别下各属性中的概率数值。
>
> $P(a1|y1)，P(a2|y1)..P\{am|y1\}..p(a1|y2)，p(a2|y2)..p(am|y2)..p(a1|yn)..p(am|yn)$
>
> （3）各个条件在互斥的情况下，可以根据贝叶斯原理推导出：$P(y_i\,|\,x)=\dfrac{P(x\,|\,y_i)P(y_i)}{P(x)}$
>
> $$P(x|y_i)P(y_i)=P(a_1\,|\,y_i)P(a_2\,|\,y_i)...P(a_m\,|\,y_i)P(y_i)=P(y_i)\prod_{i=1}^{m}P(a_j\,|)y_i$$

2．实验问题设置

为了对不同的人群使用偏好进行分析，选择"使用目的"作为因变量进行分析，即不同的人群在什么时间段主要做些什么，比如是买菜还是散步。参考上述问题描述，主要分析"不同人群在不同时段使用偏好"问题，因此自变量主要包括年龄、时段，除此之外，可以使用工作和受教育程度修饰不同的人群。

3．使用偏好模拟训练

本小节在使用朴素贝叶斯网进行训练之后，将所有人群的可能使用方式情况进行预测。图5.19表示的是在不同的数据规模下使用朴素贝叶斯网建立的模型预测准确度。

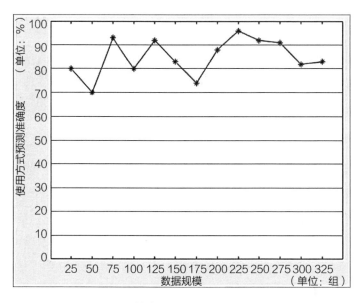

图5.19　朴素贝叶斯网络预测准确率

将数据集按照每增加25个样本为一个数据规模进行训练与结果预测，其中训练样本与预测样本数量按照4∶1的设置，共计13组实验数据，通过训练得出如上图所示的结果，其中，横坐标为数据规模，纵坐标为每个数据规模对应训练模型预测的准确率。可以发现，朴素贝叶斯的预测准确率在不同数据规模上都有比较良好的结果，其中在规模为225时准确率达到最高为96%，在规模为75、150、250、275时，准确率都高于90%。

根据上述实验结果发现使用朴素贝叶斯建立的模型具有较好的性能，和其他的算法相比具有较小的误差率。在此基础上，为了预测不同的年龄段在不同时刻的使用偏好，笔者将所有使用情况作为该网的输入，经过训练之后得到所有情况下对应的使用方式如表5.22所示。

人群使用偏好预测　　　　　　　　　　　　　　　　　　　　表5.22

年龄	时段	使用方式	不满意原因
<16岁	6∶00～9∶00	散步游憩	空间布局混乱、环境品质不佳
	9∶00～12∶00	散步游憩、培训	环境品质不佳
	16∶00～19∶00	社交娱乐	环境品质不佳、使用功能单一
	19∶00～22∶00	社交娱乐	环境品质不佳、使用功能单一
	22∶00～6∶00	—	—

　　　　　　　　　"人口—空间"双更替的西安老城社区公共空间设计模式

年龄	时段	使用方式	不满意原因
16-30岁	6：00～9：00	除部分硕士及以上的人常买日常用品；其他人以锻炼健身为主	空间布局混乱、环境品质不佳、开放度低
	9：00～12：00	大部分人以锻炼健身、买日常用品为主	空间布局混乱、使用功能单一和使用时间受限
	12：00～16：00	大部分人以买日常用品为主；部分人就/买餐	空间布局混乱、活动连贯性欠佳、环境品质不佳
	16：00～19：00	社交娱乐	有性别指向、无年龄对应功能和使用功能单一
	19：00～22：00	社交娱乐	环境品质不佳
	22：00～6：00	大部分人以社交娱乐为主；小部分本科生会就/买餐	空间布局混乱
31-45岁	6：00～9：00	锻炼身体	环境品质不佳、使用功能单一
	9：00～12：00	以锻炼身体、买日常用品为主；小部分人接送孩子	服务设施缺乏、使用时间受限和环境品质不佳
	12：00～16：00	以锻炼身体、买日常用品为主；小部分人接送孩子	空间布局混乱乏、环境品质不佳
	16：00～19：00	社交娱乐、就/买餐	环境品质不佳和使用功能单一
	19：00～22：00	社交娱乐、就/买餐	—
	22：00～6：00	—	—
46-60岁	6：00～9：00	锻炼身体	
	9：00～12：00	大部分人锻炼健身；小部分人买日常用品	空间布局混乱
	12：00～16：00	大部分人锻炼健身；小部分人买日常用品、业务办理	使用时间受限和环境品质不佳
	16：00～19：00	以锻炼健身为主；小部分人买日常用品、就/买餐	空间布局混乱
	19：00～22：00	以锻炼健身为主；小部分人买日常用品、就/买餐	空间布局混乱、环境品质不佳和无年龄对应功能
	22：00～6：00	—	—
>60岁	6：00～9：00	锻炼健身	空间布局混乱
	9：00～12：00	锻炼健身	空间布局混乱、开放度低
	12：00～16：00	锻炼健身	—
	16：00～19：00	锻炼健身	空间布局混乱
	19：00～22：00	锻炼健身	开放度低、环境品质不佳
	22：00～6：00	—	—

注：该表中分别对不同年龄段在不同时间内对公共空间的使用情况进行了预测，预测结果以使用较多的方式为主。
"—"表示数据过少，不作为参考依据。

5.3 西安老城社区公共空间"人口—空间"相关性设计指标挖掘

5.3.1 "人口—空间"对社区公共空间的驱动机制

西安老城社区"人口—空间"双更替的驱动效应主要体现在社会网络、空间布局和系统层级三个方面（图5.20）。

1. 在社会网络方面，西安老城社区社会关系组织具有典型的小世界结构特征，对社区公共空间中组团和路径的互动性影响较大

西安老城社区"人口—空间"的互动是一个以利益、兴趣、情感为背景的小世界网络，以日常活动作为途径，交流大多发生在邻居、同事或是有着共同兴趣的朋友之间，使得社区公共空间的弱连接不断增强。小世界网络通常涵盖高集聚规则网络和短路径随机网络两种显著特性，这就要求社区公共空间摒弃扁平化、科层化的布局方式，增加不同功能组团间的连接性机能，产生大量随机的、非程式化的短路径。

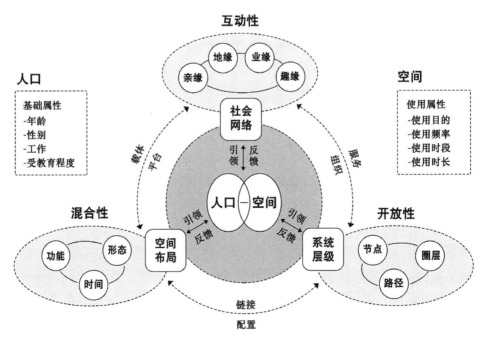

图5.20 "人口—空间"与公共空间的驱动机制图示

"人口—空间"双更替的西安老城社区公共空间设计模式

2．在空间布局方面，功能混杂、形态弹性、时间延续性长的使用方式更能激发出西安老城社区公共空间的聚集效应

当社区中的"人口—空间"（包含人、组织、空间、事件等）具有一定程度的混合和适当的连通后，社区公共空间的信息级联才更容易传播。不同功能尺寸的空间表征、不同时间的活动编排都能有效促进社区公共空间的聚集效应。因此，西安老城社区公共空间应改变过去大规模更新的改造手段，提倡渐进式的小规模改造方式，采取延续、置换、插接、错时等方法，在保持社区公共空间原有结构的同时，最大限度地减少破坏，增强社区时空弹性。

3．在系统层级方面，开放平等的交流环境鼓励西安老城社区公共空间向社区外延伸和融合

"人口—空间"的链接需求一方面促成多维、多向度的社区公共空间出现，另一方面也要求社区内的公共空间能向外部开放，创造自身发展机制的同时也实现了空间资源的共享。所以在西安老城社区公共空间设计中需要建立一套层次性系统，使得小尺度空间既分散布局又相互联系，减低过于内向的风险和不同背景群体准入的门槛。

5.3.2 "人口—空间"相关性设计指标落位

根据上文中利用人工神经网络和朴素贝叶斯试验对影响"人口—空间"更替的关键性指标的验证和训练，笔者进一步尝试挖掘出其人口基础属性和使用属性在其满意度较高的情况下的空间评价，并对应落位于公共空间设计指标进行对应关联（图5.21）。

可以看出，社区公共空间的"人口—空间"关联性设计指标主要指向功能数量、功能强度、功能核占比、混合度、时间利用率、边界开敞率（包含准入开敞率和视觉开敞率）六类设计指标：可以使用"功能数量"来描述用地丰富度；使用"功能强度"来描述功能单元在公共空间中的使用效率；使用"功能核占比"来表示Mix占总功能单元的比值；使用"混合度"来描述土地利用的均衡程度；使用"时间利用率"来描述该地区的发生时间占比；使用"边界开敞率"来描述社区公共空间与城市空间之间的权属界定形式和比例。同时，这六类指标分别落位于功能、时空和总体三个层面。其中，功能层面主要表现在数量、混合度和功能核占比三个方面；时空层面的关联性表征在功能强度和时间利用率上；而总体主要反映在边界开敞率的差异上。笔者在下一章节中将进一步对其落位指标进行适配标准的探讨。

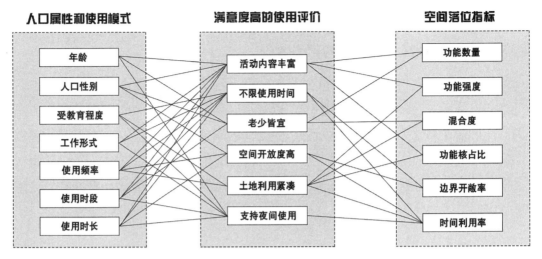

图5.21 "人口—空间"相关性设计指标落位系统

5.4 本章小结

　　本章首先对"人口"与"空间"的非关联性、非适应性问题进行归纳,其问题主要体现在社区公共空间关系网络脱域、使用时空失衡和系统层级断裂三方面;接下来本文利用人工神经网络对影响"人口—空间"更替的关键性人口属性数据、空间使用数据和空间量度数据进行中心化和标准化的预处理,计算确定主成分在各线性组合中的系数,验证社区公共空间的"人口—空间"相关性强弱程度,得出使用频率、使用时段和年龄三个因子对社区居民的满意程度影响最大的结论;使用朴素贝叶斯实验对使用人群的偏好情况进行预测,根据居民在不同时间段内的活动方式、分布特点进行规律汇总。最后,剖析出"人口—空间"对社区公共空间的驱动能力主要体现在社会网络、空间布局、系统层级三个方面,并进一步将相关性设计指标落位在功能数量、功能强度、功能核占比、混合度、时间利用率、边界开敞率上,以便后期对社区公共空间进行适应性设计和布局。

第 6 章

"人口—空间"
预判与识别

随着城市居民认知层次的拓展，对社区公共空间的需求也在逐步提高。影响社区公共空间的构成要素呈现多元化发展，逐渐摆脱单一的功能分区和空间组织，转向具有"人口—空间"综合属性的目标指向，成为促进多样性提升和混合性增强的多义性公共空间。

6.1 社区公共空间发展趋势

在当前城市更新的背景下，人与空间之间建立了比以往更加紧密的联系。对于西安老城社区公共空间优化不仅仅只是单纯的功能设置或视觉提升的设计，更需要建立一种关注日常公共生活、重塑社区关系和邻里交流的途径。因此，对于社区公共空间优化方向的解读需具有多重含义：一是社区公共空间应能够将社区内人口的各种行为加以关联，为"日常生活"和"社会生活"提供容器；二是社区公共空间应具备时空秩序化和系统层级性特征，并体现出对生态、文化、艺术等的包容性，可以持续提升和适应社区人口的公共生活环境。

6.1.1 从物到人：主体需求多义性

随着当下社会进程的不断推进，社区居民从对居所内部的认可逐渐延伸到对社区外部公共环境的要求，尤其是在满足了基本的物质标准后，对精神内涵的需求也在不断提高。这种人口自身水平的提高正是产生公共空间优化的潜动力。

1. 多样化

在传统社区公共空间使用中，居民的行为是相对单一和纯粹的，在同个空间中围绕一个主题进行活动，具有明确的目的和行为类型，而当前西安老城社区人口年龄、地域、收入、职业以及价值观念等呈现出越来越多的异质与碰撞，不同的社会背景特征造就了不同社区人口的行为模式与生活习惯，他们对社区公共空间的使用方式和环境要求也各不相同，同时，不同层次主体对公共空间的适应力和接受度千差万别，导致社区人口在公共空间中的活动时间、类型和频率上都有差异，这些都决定了主体需求的多样性，因此，对社区公共空间的创造性优化应赋予社会主体更为多元的使用模式与交流机会（图6.1）。再加上随着时间的推移，使用主体的行为活动也会随之发生转型与成长，从单一固定转向多元弹性。例如柏林在1999—2009年这10年间，在社区中推行了3000个"邻里管理"项目，对象基本都是外来移民多、公共空间不足、失业率高的社区，通过在闲置空间中设立了诸如"德语教育学习"、"老年电脑培训"等项目来重塑着社区的凝聚力[154]，达成对公共环境的提升（图6.2）。实践表明对社区人口的多元性文化认可以及提供交流共享的场所是社区公共空间的价值原点和居民的公共诉求。

2. 全时化

信息化技术条件下，人们的工作场所和工作时间也越来越自由化，在调研中笔者发现西安老城内已经有诸如培训、快递、直播等很多行业脱离了朝九晚五的固定工作制，部分社区居民甚至成为SOHO一族，空间逐渐摆脱了时间的固有限制，潜移默化地影响

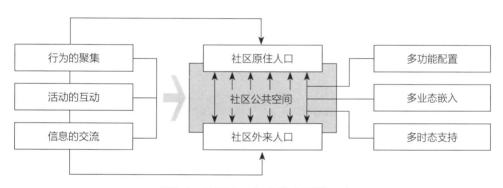

图6.1　社区人口与公共空间的互动

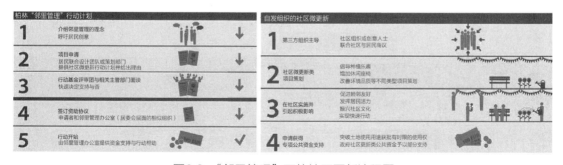

图6.2　"邻里管理"下的社区更新流程图

资料来源：单瑞琦. 社区微更新视角下的公共空间挖潜——以德国柏林社区菜园的实施为例［J］. 上海城市规划，2017（10）：77-82.

着老城社区居民的生活方式：部分社区居民会选择在19：00以后在外就餐和购物逛街，大多年轻人由于加班、路程远等原因会在20：00-24：00之间开展社交娱乐生活。随之导致大量服务性行业的工作时间发生了相应的推后和延长（图6.3），例如餐馆、超市、商场、电影院等。同时，"24小时"社区或全时社区的概念被一再提起，文化产业也成为除了商业以外当代夜生活的又一催化剂，社区内的小剧场、图书馆、博物馆、自习室也被频繁被纳入夜间活动场所之中，成为夜生活中非常重要的活动场所（图6.4）。因此，对于社区公共空间来说，最为显著的特点就是夜晚开始承担与白天相似的日常生活功能，"夜经济"与"夜文化"结合密切，公共空间的全时化要求显著。2006年9月，纽约举行了一个名为"美好的生活：用于休闲的新公共空间"（The Good Life: New Public Spaces For Recreation）的展示活动，其中，"24小时城市"（The 24-Hour City）便是其中最重要的议题之一，旨在探索通过公共空间改造来适应21世纪城市休闲娱乐的全时化发展诉求。[155]

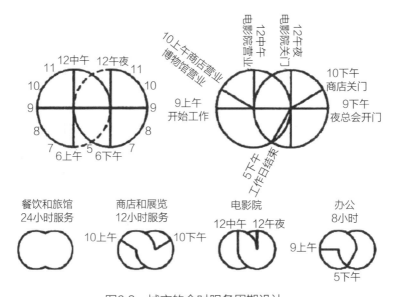

图6.3　城市的全时服务周期设计

资料来源：曾坚，陈岚，陈志宏. 现代商业建筑的规划与设计［M］. 天津：天津大学出版社，2002.

图6.4　西安夜间文化生活

　"人口—空间"双更替的西安老城社区公共空间设计模式

3. 信息化

随着知识型生产力和生产工具效率的提升，公共空间被赋予的功能容量和数量递增，场所的属性边界也越来越模糊。在此背景下，西安老城中也出现了一些承载工作、休憩、展演活动的新型交往场所。这些活动一般可以通过互联网在全城的"业缘圈"或"趣缘圈"发起组织，并在线下建立起与社区公共空间的联系，这种线上组织线下集聚的方式正在使传统社区公共空间超越地域边界向第三空间转变。据统计，截至2018年7月，豆瓣网在西安线上活跃用户已达120万人，经常会在周末或假期举办"豆瓣小组"读书会、脱口秀、舞台剧等形式的线下活动，这些活动的承办场地一般都在社区书店、小型剧场、咖啡馆等文化场所（图6.5），这些场所都有个共同特点：由消费型场所转变为第三空间，不仅具备买卖或展示的单一职能，更多地成为信息交换、兴趣分享的开放场所。类似的还有星巴克的体验性服务，星巴克大多有较好的网络接入能力和较为安静的环境，具备一定商务和学习的条件，可以将有需求人们引至一种"非家、非办公、非休闲"的中间状态。[156]

4. 智能化

当前，社区公共空间已进入智能化发展阶段，这就要求老城社区在发展中不断调整技术方法，利用最新的信息手段，使城市功能向精细化划分和适应性调整转型，实现对社区公共空间的吃、住、行、游、娱等生活行为的互动化和协同化管理。近年来，西安老城社区公共空间在发展中也催生出很多新兴的智能化需求，衍生出很多智能设计产品，如智能公交站、智能图书馆、智能洗衣等设计实践（图6.6），都是建构在社区网格化服务管理体系之下的，利用老旧社区公共空间的智能服务和智慧信息共享，将公共空间内的设施系统展示为无缝连接的感知环境，实现公共空间的公平使用、愿景匹配与效用导向。荷兰艺术家丹·罗斯加德设计的"沙丘4.0"就是的一个利用公众行为获得感知反馈的公共空间智能项目。它对自然植物进行仿形，与科学技术相结合，由数百条摇曳的光感纤维组合而成，用这些设有麦克风和传感器的装置来捕捉人们的活动

图6.5 豆瓣西安O2O线下活动

状态[157]：这些光感纤维会分析人们行动的路径、声音和动作的影响区域和程度高低，以此来散发出不同亮度、不同范围的光亮，这个装置的目的就是为了增强人与公共空间的通感联系，让人和环境融为一体（图6.7）。

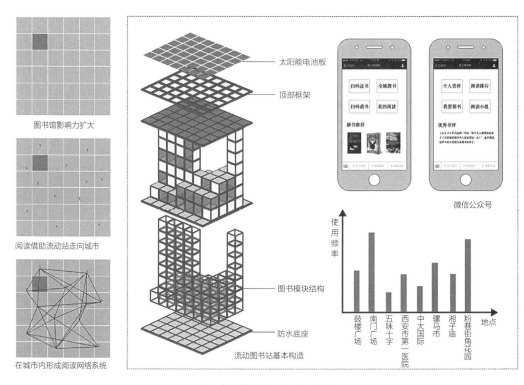

图6.6　智能流动图书站点设计

图6.7　"山丘4.0"智能公共空间项目

"人口—空间"双更替的西安老城社区公共空间设计模式

6.1.2 从城市到城市性：功能组织多义性

"在已经到来的复杂性科学时代，功能问题的复杂性不断升级，形式简化和表面复杂早已不再适合"[158]。因此公共空间承载的功能会不断地附加与扩展，呈现出的混合化、中立化、诱发化等特征。

1．混合化

简·雅各布斯认为功能应该是"有机的混合"，从城市的角度来说城市应该达成功能的交织和自我的满足，这种丰富的融合正是城市特性的集中体现。那么类比西安老城社区公共空间作为一个微缩的城市，在调查中社区居民活动行为往往与公共空间所提供的资源紧密相关，各个调研样本也基本形成了混合化的功能空间组织，"嵌入"城市公共环境体系，不断进行能量循环，达成物质、信息及知识的互换。为了进一步达到功能的有机发展，就需要对公共空间单元进行精细化设计，可以在同一空间同时整合居住、产业、配套等不同功能，或在同一空间的不同时段开展不同功能的活动安排。例如像成都西村·贝森大院的功能模式，就很好地将商业空间和居民日常生活融合到一起，"跨界整合各类社会资源，创造一种将运动休闲、文化艺术、时尚创意有机融合的本土生活集群空间，满足多元化的现实需求，成为持续激发社区活力的城市起搏器"[159]。在这里，人们可以像生活在一个开放的大院中，既可以享受城市生活带来的高效便捷的商务办公、运动娱乐、交通出行，又在竹林、天井、水渠和这些传统景观中享受着对大院生活的向往，寻求心灵的安静和回归（图6.8）。

2．中立化

中立化是指社区公共空间需要兼容特定目的性的功能以及与之相关的一系列功能

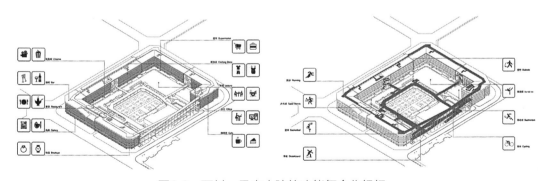

图6.8　西村·贝森大院的功能复合化组织

资料来源：刘家琨．本质赋形 西村·贝森大院［J］．室内设计与装修，2016（3）：108-115.

的要求。中国传统空间中就有着充分的中立体现，比如将传统民居当作原型，通过对功能的要求达到对空间的转译，通过营造智慧变宅为私塾、旅店、茶肆等。不同的功能对不同尺度的空间也要具有包容性，功能体的方式就能较好地表现在不同的空间尺度上，可以容纳多种功能且使功能互换成为可能。妹岛和世（Kazuyo Sejima）就将功能体的手法运用在岐阜公寓中，她将空间单元中的"方盒子"作为基本功能体模块，起居室、餐厅、卧室均采取相同尺寸[160]，充分发挥功能互换的可能性，再利用整体形态的组合、叠加对建筑整体空间重新分配（图6.9）。同时，中立化在功能上可有所偏重，结合调研可以选择发生

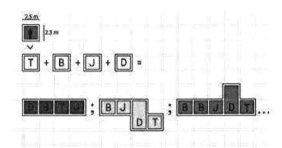

T=terrace, B=bedroom, J=traditional japanese room, D=dining kitchen

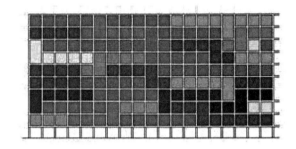

图6.9　功能体的三维空间互换

资料来源：刘经纬. 基于多义空间理论的商住两用公寓研究［D］. 徐州：中国矿业大学，2015.

频率较高或较为重要的功能作为主要参数选择。像社区广场主要使用目的如果是运动健身，则可在设计上偏向以运动场地为核心进行空间组织，但同时也要兼顾休息、交通、购物等其他功能的设计要求。因此，在设计中，可以将可能出现的功能及对空间要素的要求列表归纳，从中摘选出对全体功能最适宜的参数作为设计标准，整理出发生频率较高和较为重要的功能参数，在选择方面可以起到主导作用，但也要容纳辅助活动和偶发性活动，能够起到诱发创造性和趣味性行为的作用。

3. 层级化

社区公共空间是一个多层次、多纵深的社会—空间统一体，其布局结构应适应社区内社会结构、心理认知与地域归属的特征规律。综合多层级要素，凸显公共空间的组织层次。访谈中，居民对于西安老城社区公共空间的感知，往往是从某个空间节点开始的，例如人们对于西安市井文化氛围的体验，往往会从传统市场和历史旧居开始。通过这种小尺度空间的联系，可以形成完善的社区公共空间网络。而从城市的角度出发，按照不同的空间尺度，可以将社区公共空间划分为网络空间（宏观）、区块空间（中观）和节点空间（微观）；根据具体节点公共空间的不同层次，又可以分为固定领域、非固定领域、流动领域三种类型。固定领域功能设置相对永久，为日常生活的中心，如公园、市民广场等，半固定领域与固定领域相比，其中心感减弱，属于某一特定群体的常

去之地，如会所、邻里中的酒吧、茶馆等。流动领域功能只是暂时占有，如展览、夜市等，都属于社会共有的空间。通过强化这种与城市空间结构和生活行为模式对应的空间序列，可以建立起层次清晰的社区公共空间分级系统，形成从宏观到微观、从公共到私密的过渡，为社区居民带来更强的归属感和领域感。

4．诱发化

诱发性也是实现西安老城社区公共空间复合功能观的重要方面，"人们在同一空间中荡漾、流动，就会自然引发社会性活动。……这种连锁活动反应的产生，是由于人们处于同一空间，或相互照面、交臂而过，或者仅仅过眼一瞥"[161]。调查表明，当老城公共空间设定的功能可以给人带来稳定感、归属感时，居民就会与环境形成一种惯性、非言语的交流，这些功能既增加居民的接触机会和逗留时间，还有可能带来更多的创造性事件。笔者发现，这些活动功能中有很多是居民自主选择、随机发生的。因此，设置适当的冗余空间可以诱发一些潜在活动的发生。有些场所利用了"留白"有意或无意地创造出了冗余空间，在发展中可以根据使用者的行为活动，对功能、路径的组织进行判别和预测，完成对冗余空间的角色定位，也为后期的弹性使用留下了余地。例如香港实行的公共空间补偿制度，通过法定图则、政策指引和空间设计指引三方面促成了私人公共空间的"剩余"利用（图6.10），提高了公共空间的功能集约性和连通可达性，既能达到土地资源的高效轮转，又减少了政府开发的资金压力。

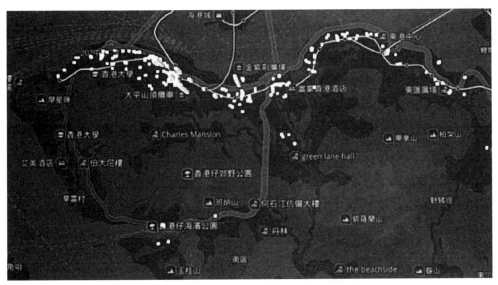

图6.10　香港岛私人提供的公共空间分布图

资料来源：香港屋宇署网站

6.1.3 从形态到时态：空间适配多义性

公共空间对社会关系、自然环境、历史文化的适配性是多义性营造中一个至关重要的特征。空间机能和品质的提升，需要所有参与主体的交替演绎，通过互动混合、竞争淘汰达到自我更替的目的。因此，公共空间多义性应综合体现出"共时态"的物质表征和"历时态"的价值延续。

1．共享化

共享化是指对空间资源的共同享用。多种活动可以在相同的空间中发生，通过空间安排使人的活动集中，增加人们相互接触的机会。在老城社区公共空间，我们经常可以看到若干种的空间共享实现方式；或将公共空间置于便于居民寻觅和到达的位置，如"共享庭院"，让更多的人在此活动、引发交流（图6.11）；或让公共空间和居民的日常路径结合起来，促使更多随机活动的发生；或将社区内的公共空间与城市空间结合起来，达成不同层级资源的协同共享。同时笔者发现，很多空间共享化的达成不一定需要强烈的物质改造手段实现，也可以通过为社区居民提供平台、设计者辅助介入的手段达成。其中在米兰进行的"家有学生"社会活动就是比较好的创新实践案例（图6.12），其最初的理念是：在家中独居的老人为需要租房的学生提供廉价住所，达成空余房屋资源和时间、精力、租金的交换，以获得学生在家务、教育、聊天等方面的帮助和陪伴。从传统建筑学的角度而言，这一案例并没有直接进行空间介入或产生收益价值，而是在能力互助中既体现出了人文关怀，实现空间的供需适配，也为不同社会群体的交流互动创造了条件，促进了共用共享的协作型空间出现。[162]

图6.11 老城社区中的"共享庭院"

图6.12 "家有学生"项目海报

资料来源：意大利网站

2. 立体化

高密、紧凑型的公共空间已经成为老城社区的普遍状况，而社区公共空间的立体化发展则可以成为老城高密度环境的应对手段，弥补了公共空间不足、交通拥堵、生态环境低下等问题。在西安老城社区中，在调查中发现，西安老城有些公共空间样本已经难以用原来的"平面"关系或"立面"关系来表述，整体系统呈现出一种多基面交叠的空间状态。样本中常采用公共空间与城市居住、交通、商业等进行立体式穿插组织，常见形式如将停车空间和绿地复合在一起的错层组织，而随着立体化模式的进一步完善，老城中的社区公共空间和建筑群落逐渐演化为以地面层、空中层、地下层等多个基面层次进行紧密连接（图6.13），这种多向度的建设模式形成的立体化空间，具有集约、高效、贯通等优点，是一种基于三维空间的新型空间链路系统，既满足人们对公共空间便捷使用、就近对接的需求，利于高密聚居的老城居民能够和谐共处，也为公共活动的展开带来全新的、趣味性的体验。这种立体空间模式已成为未来老城社区公共空间的发展趋势和共识。

3. 渗透化

渗透化主要是指空间边界的软化和消解，变成了自由延伸的流动空间。现代公共空间的发展开始打破学科和领域边界，交叉渗透，逐渐整合在一个大的设计框架之内。在西安老城社区公共空间中也呈现出类似的发展趋势：室内外公共空间的界限被模糊，室内公共空间呈现出室外"灰化"的倾向，而室外公共空间也与室内结合得更加紧密。这种室内、外相互渗透的结合模式，已不仅仅是在公共建筑前设置街道、广场、绿地等公共空间的简单操作，正朝着形态关系一体化的方向演化，在保持传统场所价值的基础上更灵活、更加多元化，使得社区公共空间更具有流动性，也使建筑空间更加开放，从而给城市带来了新的空间概念。北京大院胡同28号以研究传统北京的复合性城市结构为基础，通过分形加密等措施，真正实现由宅园向社区、向城市的延伸——将大杂院转变为"小合院群"，通过"宅园"、"公共单元"的层级设置使传统胡同社区重新适应了现代社会结构，将"院落"转变成多个"微缩社区"[163]（图6.14）。

图6.13　西安老城公共空间的立体化趋势

图6.14 "微缩社区"的渗透化表现

资料来源：李兴钢，侯新觉，谭舟．"微缩北京"——大院胡同28号改造［J］．建筑学报，2018（7）：5-15.

4．动态化

社区公共空间并非固定不变的。老城中相当一部分公共场所在各种动力因素的促发下不断地进行流动、混合、蜕变，成为对比先前，在功能、形态各方面均有显著差异甚至完全不同的新型场所。因此，动态化应为不断地适应场所需求而提供时效性利用空间。例如在西安老城万达社区场地，早上10：00前基本为老年人跳舞、锻炼场地，随着万达商业综合体的开门，场地逐渐转变为附近居民的休憩交流和交通通行汇集地，16：00之后到了放学、下班时间，酷爱极限运动的年轻人开始涌现，之前冷清的篮球场地开始熙熙攘攘，这类活动会一直持续到夜间，又会和晚饭后来此地的广场舞阿姨们共享整个场地（图6.15）。通过这种变化，才能够动态地、持续地适应社区生活的发展，满足人们新的活动需求。公共空间在这个过程中重新获得了效率和活力，从而得以重生。因此，公共空间应随着社区居民公共生活的期望作出即时性回应，既可以每隔一段周期进行一次动态调整，也可以通过空间的合理安排强化功能对时间的弹性适应，因此，前瞻性、共生性是动态编排的前提。例如鹿特丹雨水广场和洛克菲勒中心下沉广场都是以弹性动态景观来体现出对场地的兼容性（图6.16、图6.17），用不同季节、气候条件下的活动类型和空间体验来回馈居民需求。

（a）6：00-10：00　　（b）10：00-16：00　　（c）16：00-19：00　　（d）19：00-22：00

图6.15 西安老城万达社区广场的动态性变化

"人口—空间"双更替的西安老城社区公共空间设计模式

| （a）常规是干爽的休闲广场 | （b）短期暴雨汇成溪流和小池 | （c）暴雨延长后形成蓄水池 |

图6.16　鹿特丹雨水广场

资料来源：雨水收集与利用的景观途径［EB/OL］．2012-04-25.

（a）冬季结冰形成人工溜冰场　　　　　　　（b）夏季变成有遮阳的休闲广场

图6.17　洛克菲勒中心下沉广场

资料来源：商业空间下沉式广场打造趋势［EB/OL］．2018-12-12.

6.2 西安老城社区公共空间多义性预判

从第4章和第5章的公共空间样本分析可以看出，目前西安老城社区公共空间普遍存在供需不平衡、空间利用率较低的问题，因此亟需探索一种公共空间多义性再塑的体系，以满足社区内多样人群的切身需要。由于老城社区公共空间具有稀缺公共产品的特质，应利用统一动态的方法，对目前影响多义性公共空间的物理载体和发展潜力进行识别，建立"人口—空间"双适应的关系模型，在一定区域内实现空间资源的动态调配。

6.2.1 社区公共空间多义性影响要素分析

为了深入研究西安老城社区公共空间多义性特征，分析不同影响要素对使用者满意度的影响，本研究中提出了七种不同的指标来描述公共空间的空间和时间特性，使用"种类数量"来描述用地丰富度；使用"功能强度"来描述功能单元在公共空间中的使用效率；使用"功能核占比"来表示Mix占总功能单元的比值；使用"混合度"来描述土地利用的均衡程度；使用"时间利用率"来描述该地区的发生时间占比；使用"准入开敞率"和"视觉开敞率"来描述社区公共空间与城市空间之间的权属界定形式和比例。具体指标参见第5章5.2.3。

1. 分析方法选择

1) 多元回归法分析

多元线性回归分析可以判断是否存在多个指标的最优组合，来共同预测满意度，对于自变量X_1、X_2和因变量Y，是否存在如下的多项式关系：

$$Y = b_0 + b_1X_1 + b_2X_2 + b_3X_1X_2 + b_4X_1^2 + b_5X_2^2$$

笔者选择"用地混合度"和"功能强度"作为自变量，满意度作为因变量，通过回归统计试分析，可以得到如下结果：

回归统计　　　　　　　　　　　　　　　　　　　　表6.1

Multiple R	0.72210292
R Square	0.521432627
Adjusted R Square	0.122626483
标准误差	0.582677991
观测值	12

方差分析　　　　　　　　　　　　　　　　　　　　表6.2

	DF	SS	MS	F	Significance F
回归分析	5	2.219543	0.443909	1.307484	0.372043
残差	6	2.037082	0.339514		
总计	11	4.256625			

由表6.1、表6.2可见，相关系数R为0.727210292，修改后的相关系数R为0.122626483，标准误差为0.582677991，显著水平为0.372041，即此两个指标并不能充分地展示对满意度的影响，因此，多元回归分析对于本次试验并不完全适用。

"人口—空间"双更替的西安老城社区公共空间设计模式

2）主成分法分析

由上述分析，既然不能够对整个评价系统进行回归拟合，那么可以尝试对物质空间指标进行整体划分。在整个分析体系中，不同的指标之间有可能存在关联性，因此，可以通过主成分分析将类似的、拥有某种关系的指标提取为一个综合性的指标。

首先，需要对不同的指标为其编号x1，x2……，x7，因变量为y（图6.18），通过主成分分析可以得到解释总方差表。此分析默认筛选出解释方差大于1的主成分，即前三项，由表6.3可以看出前三个主成分的累积百分比为83.28%，即使用主成分1、2、3可以表示7个原始指标的主要关系。因此，选择主成分分析法是较为合适的。

解释总方差 表6.3

元件	起始特征值			获取平方和载入		
	总计	变异的 %	累加 %	总计	变异的 %	累加 %
1	2.553	36.470	36.470	2.553	36.470	36.470
2	1.818	25.970	62.440	1.818	25.970	62.440
3	1.459	20.842	83.282	1.459	20.842	83.282
4	0.773	11.037	94.318			
5	0.212	3.023	97.342			
6	0.109	1.561	98.903			
7	0.077	1.097	100.000			

X1	X2	X3	X4	X5	X6	X7	Y
种类数量	功能强度	用地混合度	功能核占比	时间利用率	准入开敞率	视觉开敞率	满意度
6	1.03	0.84	0.82	0.74	0.24	0.24	4.49
6	0.91	0.88	0.71	0.79	0.54	0.69	3.56
6	0.89	0.86	0.76	0.69	0.07	0.18	3.31
7	1.53	0.65	0.78	0.66	0.07	0.63	3.13
8	1.44	0.88	0.69	0.73	0.06	0.06	4.27
5	1.03	0.83	0.74	0.79	0.03	0.03	2.51
4	0.82	0.88	0.91	0.69	0.15	0.46	3.37
4	0.78	0.73	0.89	0.82	0.08	0.58	2.45
4	1.22	0.57	0.95	0.68	0.27	0.69	3.59
6	1.47	0.87	0.75	0.77	0.68	0.68	3.85
6	1.02	0.81	0.71	0.86	0.30	0.30	2.96
6	1.06	0.83	0.85	0.66	0.68	0.72	3.70

图6.18　公共空间物理指标和满意度指标

2．分析过程

接下来，笔者将表6.3转换成视觉更加直观的碎石图，碎石图来源于地质学的概念，纵轴为特征值，横轴为成分。一般陡峭的部分包含的信息多，特征值也大，平坦的部分包含的信息少，特征值小[164]。由图6.19的碎石图也可以清晰的表示出前三个主成分变化较陡，之后逐渐平缓下来。因此可以使用前三个主成分去表示原始指标系统是合理的、充分的。

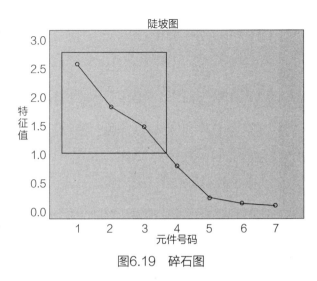

图6.19 碎石图

之后进一步可以分析各主成分与原始指标的关系系数，即各主成分与原始指标的密切程度，系数的绝对值越大，两者之间的关系越密切，如表6.4所示，可以将整个评价系统分为三个综合指标，公因子越大，则正相关性也越大。根据计算结果表明，公因子1正相关度最高，由种类数量和功能强度构成，表示为"多维空间丰富程度"；公因子2正相关度次高，由混合度、功能核占比和时间利用率构成，表示为"时空混合利用程度"；公因子3正相关度较低，由准入开敞率和视觉开敞率构成，表示为"外部边界影响程度"。各主成分使用原始指标表示方式如表6.5所示。

旋转元件矩阵　　　　　　　　　　　表6.4

影响元素	元件			公因子 F
	1	2	3	
种类数量	2.553	36.470	36.470	F1.多维空间丰富程度
功能强度	1.818	25.970	62.440	F1.多维空间丰富程度
混合度	1.459	20.842	83.282	F2.时空混合利用程度
功能核占比	0.773	11.037	94.318	F2.时空混合利用程度
时间利用率	0.212	3.023	97.342	F2.时空混合利用程度
准入开敞率	0.109	1.561	98.903	F3.外部边界影响程度
视觉开敞率	0.077	1.097	100.000	F3.外部边界影响程度

"人口—空间"双更替的西安老城社区公共空间设计模式

F1=0.436*Z1+0.435*Z2+0.010*Z3-0.268*Z4-0.166*Z5+0.470*Z6-0.042*Z7

F2=0.010*Z1-0.272*Z2+0.424*Z3-0.275*Z4+0.392*Z5+0.184*Z6-0.104*Z7

F3=-0.015*Z1+0.039*Z2+0.095*Z3+0.015*Z4+0.024*Z5+0.605*Z6+0.490*Z7

注：其中 F1、F2 和 F3 为三个主成分，Z1～Z7 为标准正态化之后的数据。

图6.20表示的是三个主成分F1、F2和F3变化对满意度的影响，可以看出"F1多维空间丰富程度"和"满意度"有明显的线性关系，即随着功能单元数量和功能强度的增加，空间使用者的满意度也不断提高，而其他两个主因子对满意度没有明确的关系。

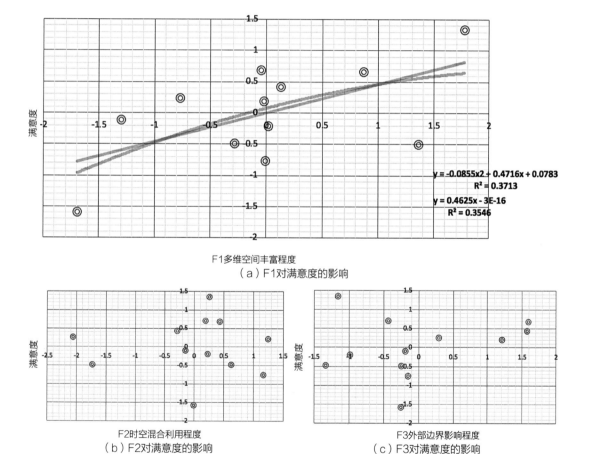

（a）F1对满意度的影响

（b）F2对满意度的影响

（c）F3对满意度的影响

图6.20 公因子F与满意度的拟合关系图

6.2.2 社区公共空间多义性预判

1．相关元素拟合分析

通过主成分分析，从原始的评价指标中总结和归纳出了三个综合性的公因子指标，但是部分指标和满意度之间关系并不明确，因此笔者再次针对各个原始指标，分析他们与满意度的影响关系（图6.21）。

可以看出，"功能强度"达到1.3之后，居民满意度达到最高；"种类数量"与满意度成正比关系，随着"种类数量"的增加，居民满意度逐渐增高；混合度的正常区间为[0.8，0.9]；当"时间利用率"达到0.73之后，居民满意度达到最高；"功能核占比"、"准入开敞率"和"视觉开敞率"和居民满意度没有明确关系。

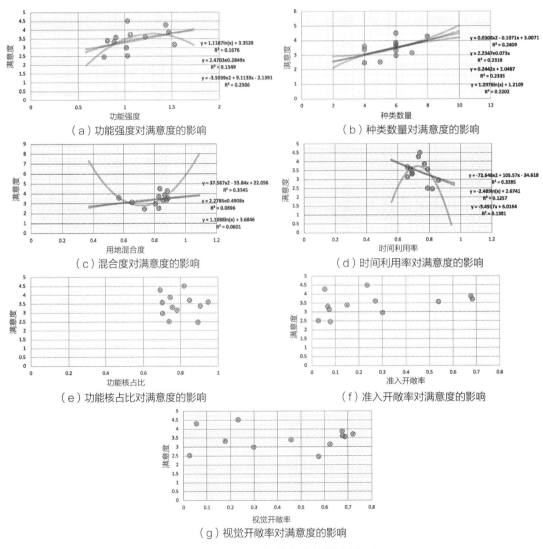

（a）功能强度对满意度的影响　　　（b）种类数量对满意度的影响

（c）混合度对满意度的影响　　　（d）时间利用率对满意度的影响

（e）功能核占比对满意度的影响　　　（f）准入开敞率对满意度的影响

（g）视觉开敞率对满意度的影响

图6.21　相关元素与满意度的拟合关系图

　　　　　　　"人口—空间"双更替的西安老城社区公共空间设计模式

2. 功能单元占比分析

通过功能单元占比与混合度、满意度之间的进一步拟合分析，可以推测出各主要使用单元较平衡的规模比例，以及和满意度之间的关系。由于样本数较少，笔者只选取12个样本中都具备的功能单元：商业售卖、生活服务、文娱康乐和交通通行作以说明。

由图6.22所示，随着"商业售卖"功能单元占地面积比例的不断增加，用户的满意度是不断增加的，而用地混合度是不断减少的，其中满意度和用地混合度拟合线的交点处可以表示"当商业售卖面积占比达到40%左右，居民的满意度和土地混合度可以到达一个平衡点"，过多的占用面积虽然会提高居民满意度，但是会使得该用地失去平衡。

由图6.23所示，随着"生活服务"功能单元占地面积的变化，可能出现两种极端情况，对于某些居民活动不频繁的区域，适量的生活服务居民并不会感到不满意，对于某些居民活动频繁的区域，服务用地面积越大，居民满意度越高。但是过少的用地面积可

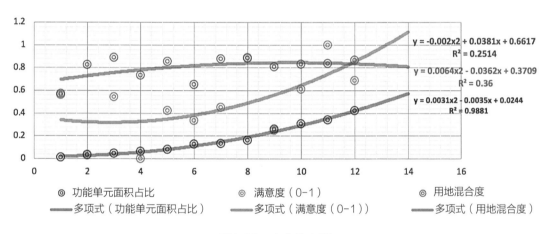

图6.22　商业售卖类

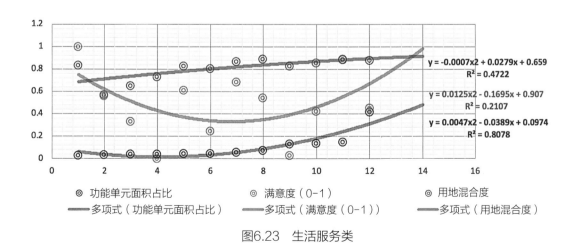

图6.23　生活服务类

能会导致土地利用不平衡。

由图6.24可以看出，"文娱康乐"用地面积较低，不超过40%，虽然用地面积少，但是也不可或缺，适当地增加娱乐用地的占地面积，可以提高居民的满意度，除此之外，用于娱乐的用地面积的变化并不会显著地影响用地混合度的变化。

由图6.25可以看出，随着"交通通行"功能单元占地面积比例的变化，会存在两种极端情况发生，少量的"交通通行"（10%）可以使得用地平衡，而且居民满意程度也很高，但是增加通行占地（10%-70%）可能会导致居民满意度降低，可能原因为"大量的通行用地使得居民生活环境被打扰"，而当通行用地占到一定程度之后（70%），该区域可能成为专门用于通行的交通公共中心，虽然用地类型单一，但满意度有所提高。

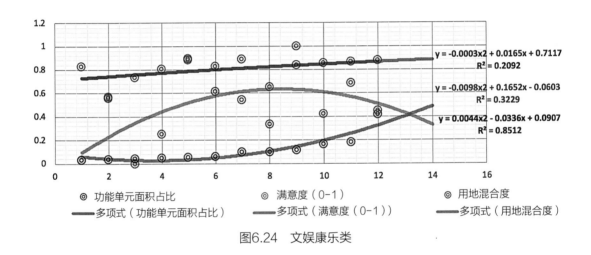

图6.24　文娱康乐类

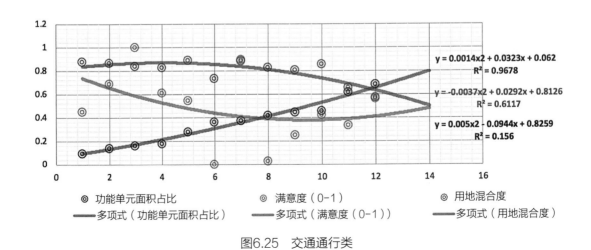

图6.25　交通通行类

　　"人口—空间"双更替的西安老城社区公共空间设计模式

6.3 社区多义性公共空间识别标准构建

根据以上对于社区公共空间多义性分析的内容，笔者总结出西安老城多义性公共空间识别标准。

1. 总体层面：外部环境互动友好

社区人口使用活力度和满意度高的社区公共空间往往都是在与城市关系紧密、开放度良好的地段。

- 多义性社区公共空间应与城市公共空间系统层级清晰，形成良好的生活圈环境；
- 多义性社区公共空间应选址在城市开放性街道、街区上，与城市、周边社区共享资源；
- 多义性社区公共空间之间在使用目的、模式、场景等上应相关补充、完善，并与周边环境、建筑相互依托、协同发展。

2. 功能层面：多元功能混合拓展

多义性社区公共空间体现出对社会空间—物质空间的双适应性，在对"人口—空间"相关性分析的基础上，社区公共空间的功能组织应与人口使用密切相关。

- 多义性社区公共空间应具有多种功能组合，且具有较高的功能强度，一般功能单元大于3种为宜，功能强度应保持在1.3左右；
- 多义性社区公共空间各功能单元之间应达到相互平衡的状态，一般混合度以达到［0.8，0.9］区间为较好的平衡状态；
- 多义性社区公共空间功能应强调功能单元之间良好的路径联系；
- 多义性社区公共空间功能应具备功能衍生诱发的潜力，实现随着"人口—空间"更替功能组织的动态适应。

3. 时空层面：四维空间弹性适配

空间的四维属性决定了对于多义性公共空间要解决水平、竖向和时间四个维度上的"人口—空间"匹配性问题。

- 多义性社区公共空间应注重对有限空间资源的高效利用，达成空间在水平、竖向基面的立体融合；
- 多义性社区公共空间应形成对功能单元的弹性兼容，并对冗余、临时场地预先安排、灵活利用；

- 多义性社区公共空间在边界处理上往往选择和城市交互良好、入口标识明显、视线通透性高的柔性限定形式，促进公共空间与城市的渗透关系；

- 多义性社区公共空间既要注重对发展时序的规划，又要达成空间的通时编排和错时使用，一般时间利用率控制在0.73左右为宜。

综上，笔者将此识别标准试用于西安老城社区公共空间，共识别出28个具有多义性特征的社区公共空间，挖掘出可改造公共空间23个、新增设公共空间5个。由于老城用地具有高使用率、高密度的特征，笔者发现，可被改造利用的公共空间数量明显多于新增公共空间数量，所以，对于既有用地的多义性优化研究具有重要价值。笔者进一步将此29个多义性公共空间分别纳入西安老城公共空间系统，并按层级、属性和种类进行分类（图6.26）。

可以看出，老城中多义性公共空间在总体布局上基本呈现较均衡的状态，但由于区位、属性和功能的差异，对空间的规模、容量、混合度、开放度的要求也有所不同，例如老城西南角的无极公园，由于其发展的内向性，在目前实际使用时仅为周边社区所用，但在西安总体规划中布局为城市级公共空间，因为在后期多义性优化设计引导中，我们将其定位为城市—社区共享型公共空间。

同时，研究也将这28个公共空间分别进行5分钟、10分钟、15分钟生活圈比较（图6.27），可以看出，所有社区在15分钟步行范围内都能涵盖到周边公共空间，但仍然

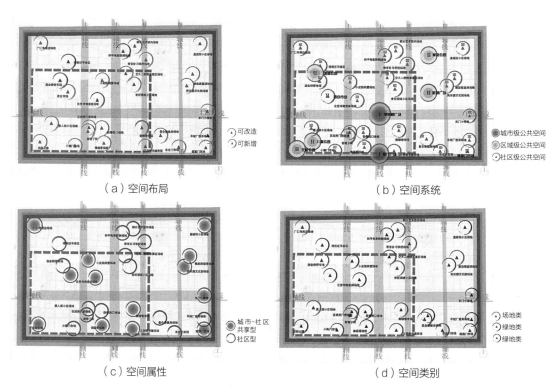

（a）空间布局 （b）空间系统

（c）空间属性 （d）空间类别

图6.26　西安老城多义性社区公共空间识别

"人口—空间"双更替的西安老城社区公共空间设计模式

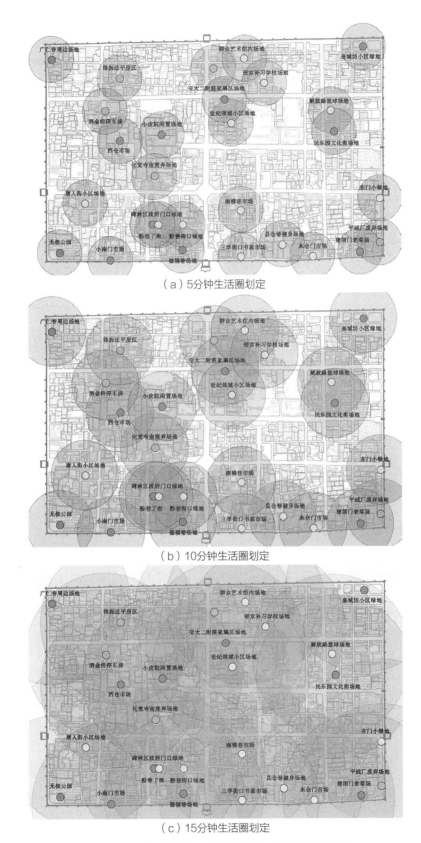

（a）5分钟生活圈划定

（b）10分钟生活圈划定

（c）15分钟生活圈划定

图6.27　西安老城社区多义性公共空间生活圈比较

有个别社区对于公共空间的使用上有所不便，存在跨街区、跨层级的问题，后期需要笔者进一步修正其多义性公共空间在特定条件和背景下的选址布点的依据和方式。

6.4 本章小结

　　本章首先归纳社区公共空间的发展趋势：在主体需求上呈现从物到人的主体性回归，在功能组织上呈现从城市到城市性的建构范式转向，在空间适配上呈现从形态到时态的在场性建构。而后，笔者尝试构建老城社区多义性公共空间的预判和识别方法。利用种类数量、功能强度、功能核占比等七种相关指标来描述和界定社区公共空间的空间和时间特性；通过主成分分析实验得出和满意度相关程度从高到低的三个综合公因子为：多维空间丰富程度、时空混合利用程度和外部边界影响程度，其中，与原始指标相对应的功能单元种类数量和功能强度有明显的线性关系。并进一步进行相关指标的单元素拟合分析和功能占比分析，测算出各元素在理想状态下相应的区间数据，提出西安老城社区多义性公共空间识别标准，并在西安老城社区中进行初步识别验证。

"人口—空间"双更替的西安老城社区公共空间设计模式

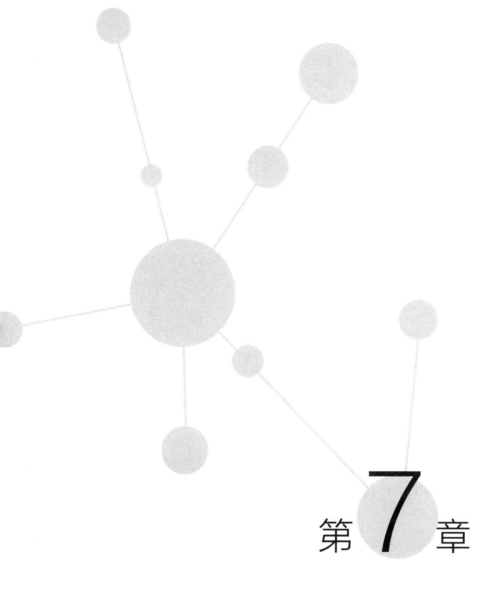

第 **7** 章

多义性设计
导控

多义性优化设计是在尊重城市社区公共空间既有格局的基础上对建成环境的调整性更新，是对社区中"失落空间"利用的再思考和再创新。面对西安老城社区环境中的影响因素和现实需求，本章将以人居环境的多样化需求为依据，从功能组织、空间共构、形态弹性、时空推演四个方面提出具有普适性、可操作性的老城社区公共空间多义性设计模式和落地性的实施策略。

7.1 总体导控

社区公共空间多义性优化设计与现状"人口—空间"相关影响要素、发展趋势密切相关，相互促进并互成制约，共同反馈于功能、形态、时空等多个维度之中，同时，优化模式和策略的实践目的都是为了达成多义性公共空间的识别标准。从图7.1可以看

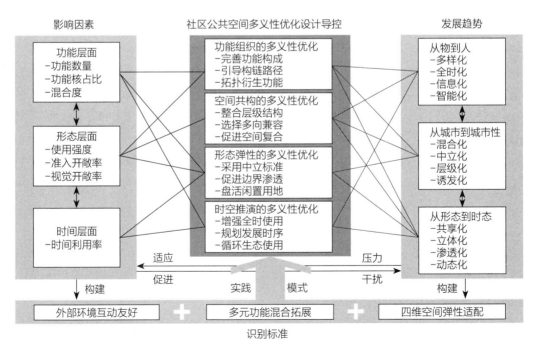

图7.1 社区公共空间优化设计导控总体图示

"人口—空间"双更替的西安老城社区公共空间设计模式

出，多义性导控系统形成了一个有要素制约、有趋势引导、有标准参考的有机循环。

本章结合前章节结论，在剖析了社区公共空间"人口—空间"双更替作用机制的基础上，提出了社区公共空间多义性优化的"共性"思路，将社区公共空间多义性模式总结为功能组织、空间共构、形态弹性和时空推演四个方面（表7.1），并进一步挖掘西安老城社区公共空间在区位条件、社会关系、文化属性、生态环境等"特性"发展需求，运用"类型模式+优化策略+样本示意"的导控方式将公共空间多义性设计模式在西安老城社区优化中落地。

社区公共空间多义性设计模式总结　　　　　　　　　　表7.1

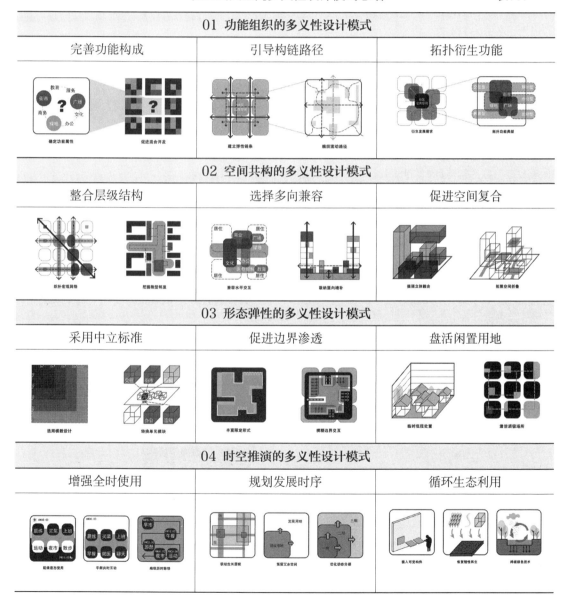

7.2 功能组织的多义性优化

社区公共空间功能组织多义性优化模式由完善功能构成、引导构链路径、拓扑衍生功能三部分构成，并具有逐步递进和动态生长的特征。

7.2.1 完善功能构成

1. 确定功能属性

在前几章的样本分析中可知，社区公共空间的功能核发挥着奠定场所基调、类型、服务群体的主导作用，因此，在对西安老城社区公共空间进行功能组织的优化中，首先，应确定空间的功能核位置和内容（图7.2）。在西安老城社区公共空间中，功能核常常由于主导功能的聚集性和向心性而置于整个空间的中心位置，或依据功能流向而置于一侧来相应地组织其他辅助功能空间，从而建立整体功能构链的传递路径。其次，在确定功能核的基础上，应为主导功能添加可兼容的辅助性功能单元，形成较为完整的功能系统。对于所添加的辅助功能单元，应能满足使用主体的"溢出型"需求，又相对独立，可以和主导功能组合出若干适合共存的、可能诱发的功能类型。

所以，文中将西安老城社区公共空间功能优化分为三种情形：

- 保存并选择现状功能作为独立功能核，并对辅助功能进行小幅度完善补充；
- 置入新功能作为独立功能核，并匹配相关辅助功能；
- 置入新功能与现状功能结合作为混合功能核，对辅助功能加以调整优化，进一步孵化衍生功能。

笔者将其归纳为功能少量更新、功能完全更新和功能部分更新三种社区公共空间的功能优化类型（表7.2）。

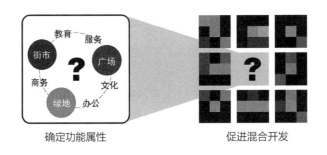

确定功能属性   促进混合开发

图7.2 完善功能构成模式图

西安老城社区公共空间功能构成优化　　　　　　　　　　表7.2

编号	样本公共空间	优化类型	功能核	辅助功能
1	解放路篮球场地	少量更新	A F G	B D E H
2	县仓巷健身场地	部分更新	A B D F	A B G E H
3	群众艺术馆内场地	少量更新	B D E G	C F
4	世纪领域小区场地	部分更新	A B E G	C D F
5	唐人街小区场地	部分更新	B C E F	A D G H
6	帝京补习学校场地	部分更新	B E F	A C G H
7	粉巷街口绿地	完全更新	B E F H	A C G
8	碑林区政府门口绿地	完全更新	B E F H	A G
9	东门小绿地	部分更新	A B F	E G H
10	东仓门市场	少量更新	A D G	B E F H
11	南柳巷市场	部分更新	A B G	D E F H
12	三学街口书画市场	部分更新	A B E F	D G H

　　在进行功能优化的过程，对于新置入的功能来说，还需要分析和判别是否与原功能相互兼容，进行功能组成的兼容性评估。结合前期西安老城社区公共空间的满意度调查和对样本功能单元的分析，笔者认为应主要从社区公共空间功能的介质性、共场性、规范性、互补性，以及综合性这五个层面来对兼容性进行评估（表7.3）。

功能优化的评估标准　　　　　　　　　　表7.3

介质性	社区公共空间功能应满足使用者的各层次需求，使用需求不会导致空间使用者、服务者之间的冲突，不同群体可以借助空间媒介进一步增进彼此的交流，形成良性的公共活动氛围
共场性	新旧功能空间是否能共存，对功能完整性是否具有影响，对功能使用流线是否产生冲突，各功能的外部效应是否冲突，以及各功能核和辅助功能是否能够共享
规范性	公共空间设计标准应随着功能转型而相应地加入更为明确的设计条件和提出更高要求的公共空间设计标准，满足行为需求的空间构造和设施配置要求
互补性	功能优化应达成功能相互支撑的作用，这就需要选择功能组合后呈现正向效应，不宜过分地追求功能多、混合度高，以免出现优化后的总体效益不佳，反而造成空间浪费
综合性	功能优化是否具有多面向的潜力，包括经济、社会、生态效益等，具体可以通过业态容量、碳排放量等指标衡量。同时也要对可能带来负向效应做出反馈和应对

2．促进混合开发

研究表明，功能的混合开发是提升社区公共空间活力度的有效途径。在调查中，笔者发现西安老城社区公共空间在功能的混合发展中有两种表现形式：一是多种功能的互补兼容，例如经常在广场中将运动场地和交往、集会空间混合布置，绿地游园中常将若干个健身器械区、儿童玩耍区穿插在游憩步道之中，街市上往往会在交通通行人流较大的节点上自然而然地吸引来各种商业售卖功能，这种模式既符合行为规律，又可以增强空间使用效率。笔者选取样本1（解放路万达篮球场地）作为优化设计示意（见表7.4），在现状功能分析中可以看出样本1的场地规模较大，原先以篮球、滑板运动和交通通行作为核心功能，与周边居住青年人群较多的活动需求相符，区域特色优势明显。但在实际使用中笔者发现场地利用存在局部高、整体低、分布不均的问题，主要原因由于场地周边商户售卖产品主要以临近解放万达商场相关的服装类为主，与其他功能关联度较弱，再加上青年人的作息习惯使得场地在早上基本为闲置状态，功能无法完全发挥应该有的效能。因此在优化中，笔者采取少量更新的设计策略，在保证原有功能核（商业售卖、健身游憩、交通通行）不改变的基础上，增加其功能使用的黏性，将场地进行局部优化，例如可以在场地利用率较低的区域植入兼容性较强、混龄使用的趣味性装置（图7.3），既增加场地对多人群的吸引力，又为核心功能增加了休息、停驻、观赏等辅助功能。同时，将商业业态调整为服务场地内活动的便利店、餐饮店、咖啡茶饮等，补充生活服务类型空间（如洗衣、超商、维修等）和文娱康乐型空间（如小型影院、网咖、酒吧等）延长空间使用活性。混合开发的第二种形式为功能单元的拓扑衍生，比如在很多初始为休闲健身功能为主导的空间里经常可以看到逐步会有交往功能、教育功能的出现，也这是由于需求的增加和品质提升引发的，这部分在本章7.1.3中详细阐述。

图7.3　植入趣味性装置

资料来源：JAJA Architects. 哥本哈根停车场乐园［EB/OL］. 2017-01-22.

广场	绿地	街市

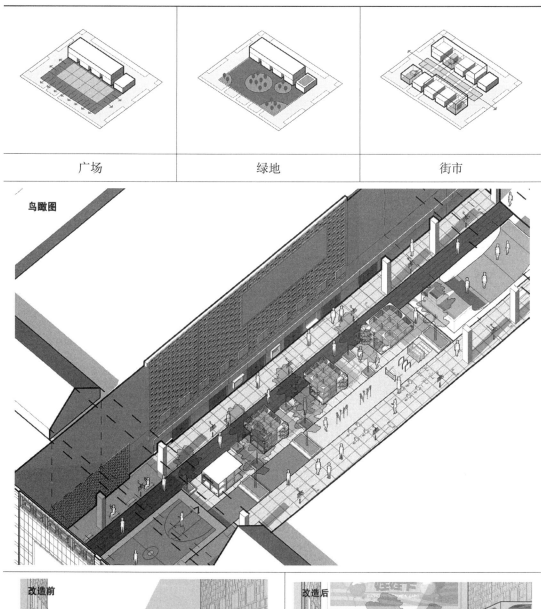

鸟瞰图

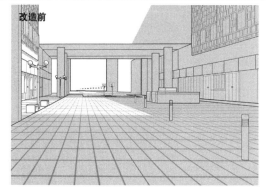

改造前

改造后

样本1改造意向

在针对西安社区公共空间样本的功能构成进行优化评估后，笔者尝试归纳出其功能混合利用兼容表（表7.5）。可以发现，有部分功能单元的兼容混合使用模式已在目前的公共空间样本中得到实践并有了较好的反馈，亦有部分功能的混合开发有可能成为公共空间优化的新思路，引出更多值得探讨的课题。

西安老城功能混合利用兼容表　　　　　　　　　表7.5

编号	类型	A	B	C	D	E	F	G	H
A	商业售卖	—	●	⊘	●	⊘	○△	○	○
B	生活服务	●	—	○△	●	○△	●	○	○△
C	医疗看护	⊘	○	—	⊘	○△	○	⊘	○
D	文娱康乐	●	●	○	—	⊘	○△	●	○
E	教育培训	○	○△	○△	⊘	—	○△	○△	○
F	健身游憩	○	○	○	○	○	—	●	○△
G	交通通行	●	●	⊘	●	○△	●	—	○
H	其他	○	○△	○	○	○△	○	○	—

●可完全混合；○部分混合；⊘不宜混合；△有潜在衍生功能

7.2.2 引导构链路径

1. 建立弹性链条

功能链条是由社区公共空间使用者的行为需求引导产生的，一般来说，会连接两个或两个以上功能单元形成使用路径（图7.4）。在日常活动中，使用者会沿着功能链条依次或反复连接链条中的功能单元。原理上，链条上附着和穿越的功能单元数量越多，功能链路径越丰富，说明在该功能链的可及性和通达性较好。但功能链并非都具有物理形态和尺度，也就是说，功能链反映在实际空间中有可能成为道路，也有可能仅仅为功能单元之间划分而已，与实际功能空间之间的路径长度、宽度无关。

调查中，在西安老城社区公共空间中，包含了内部、外部两种功能链条（图7.5）。

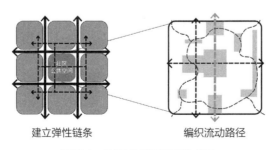

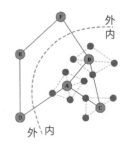

建立弹性链条　　　　编织流动路径

图7.4　引导构链路径模式图　　　　图7.5　内外构链关系

　　　"人口—空间"双更替的西安老城社区公共空间设计模式

通常，内部功能链条越长，公共空间内向性的黏性越高，功能深度也就越大；而外部功能链条越长，说明公共空间外生型的空间联系性越强，功能广度区间越大。[165]144在公共空间发展趋势中，发现外部的功能链条对公共空间的功能单元布置影响越来越大，这也和社区公共空间的开放度有关。因此，在对功能组织进行优化考量时，空间的内部功能链条与外部功能链条应呈共生共存的状态，共同构成整体的弹性功能链网络。

2. 编织流动路径

功能的流动路径即为社区公共空间空间中的交通流线，由大量社区居民出行行为轨迹叠合而成，是功能链条最常见的空间载体。路径空间作为西安老城社区公共空间的重要组成部分，不仅承担着交通功能，还具有重要的社交功能，其与内部、外部良好的联系有利于形成完善的公共空间系统。但在实际调查中，笔者发现在西安老城社区公共空间长期的更替中，路径空间经常被缺乏规划和控制性的新建和改建项目打断，导致结构破裂、联系不佳，仅有的道路和通道大多被机动车占据，公共空间的形象感和开放度大打折扣，成为社区公共空间改造中的难点。

西安老住区现状路网结构复杂，重新组织交通体系并不现实。因此可以基于现有公共空间路网格局，重视使用者可达性和舒适性来达成路径优化，组织人车流线尝试以步行为优先考量。对于西安老城而言，很大部分社区公共空间的内部和外部是以人车混行的方式存在，需要辨证看待其形成的历史原因和合理性，设计师们也应该在设置步行道路有困难的地方，积极探索人车共存街道的优化可能。荷兰的"生活化道路"就是典型的人车共存体系[166]48（图7.6），采用蛇形

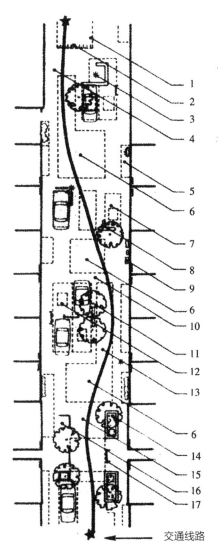

1. 无连续侧石；　　　2. 私人通道；　　3. 低灯柱周围坐凳；
4. 使用各种不同铺面材料；　　5. 私人步道；
6. 道路转弯处；　　　　　　　7. 停车场，空闲时可憩坐；
8. 长凳/游戏设施；　　　　　9. 按设计要求建筑立面前有种植；
10. 地面无连续路面标志；　　11. 树木；
12. 停车车位标记明显；　　　13. 瓶颈；
14. 植物栽种屯；　　　　　　15. 内立面到立面之间的游戏空间；
16. 有障碍阻隔避免停车处；　17. 加围篱以停放自行车等

图7.6　生活化道路的"人车共存"模式

资料来源：王彦辉. 走向新社区——城市居住社区整体营造理论与方法［M］. 南京：东南大学出版社，2003.

或折线型的道路形式与不同材质的铺装使汽车驾驶员减速，并通过减小机动车通行宽度、在路缘或路中设置车挡来避免机动车对街道生活的影响与干扰。这种方式对于西安老城区来说实现度相对较高，只需要对道路路面和人行道铺装进行物理层面上的翻新、修整，相当于在流线交叠处置入一个子功能单元，既保障车行流线的顺畅，又可以创造步行等待的停驻点，更能活化该公共空间。

同时，流动路径的功能形式也应依据公共空间本身的功能特性决定（表7.6）。例如在调查中样本10（东仓门市场）是以早市和咖啡店作为公共空间最重要的使用功能，但是由于其街市的性质，与交通通行的关系反而成为其发展的瓶颈和挑战。因此，改造后的公共空间首先应将优先权转移给行人，局部加设立体交通，将线形街道进行层级化、网络化拓展，既在一定程度上增加了公共空间的区域面积，又提高了行人的通行效率。同时，这种流动路径也可以看成是一系列小型节点的线性集合，可以在节点中创造商店、画廊、餐厅等一系列公共空间，并利用各种楼梯、电梯、扶梯等交通设施引导路径与周边区域的对接关系，满足社区内、外部人员活动的双向需求。

流动路径应用模式及改造意向   表7.6

广场	绿地	街市

鸟瞰图

样本10改造意向

7.2.3 拓扑衍生功能

1. 衍生发展需求

在西安社区公共空间的功能需求中可知，功能多义性优化工作已由简单的功能增补转向多向度的功能完善，既注重对功能单元本体的混合发展利用，也会通过与互联网、生态技术、智慧城市相结合的方式，达成为老城社区公共空间配建活动场地、美化公共环境、增添基础设施、调整场所运营等综合性升级，实现对新旧功能的拓展与补充，整体提升社区日常活动舒适度，切实提高社区居民的幸福指数（图7.7）。

笔者在对西安12个公共空间样本实地调查以及对社区居民日常生活习惯研究的基础上，总结了目前的西安老城社区公共空间的功能拓展需求如下（表7.7）：

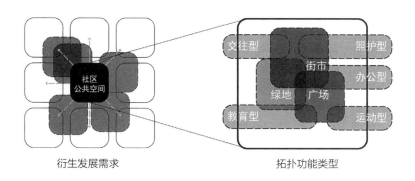

图7.7　拓扑衍生功能模式图

社区公共空间功能拓展需求 表7.7

使用需求	衍生需求	针对功能单元
交往	全时营业、第三空间、社群交往	A B D G
教育	科普内嵌、展览熏陶、O2O培训	D E F G
办公	在家工作、移动办公、联合办公	B E F G
照护	低幼看护、适老照顾、残障关怀	C D E F
运动	分龄场地、专项运动、器械组合	D F G H
其他	照明亮化、监控安防、社区生产	A B D F G H

可以看出，社区公共空间的功能拓展需求和时代发展结合紧密，与社区人口结构、使用偏好关联度较高，体现为多功能单元共同混合作用下催生的新型功能。

2．拓扑功能类型

1）交往型功能的多义性拓扑

20世纪90年代，受消费主义和体验经济影响，西安老城催生出一批大量的社交活动空间，如茶馆、咖啡馆、酒吧等，这类空间迅速被易接受新鲜事物的青年人群喜爱，由于使用的日常性和频繁性经常会被定义为"第三空间"——家以外的家，使得社区内公共生活与居住生活的界限愈发模糊。另一方面，网络时代，社区居民的休闲和交往方式发生变化，众多社交、游戏、美食网站构建出的虚拟交往平台，使得基于共同的兴趣爱好形成的一些网络社群自发组织线下活动，令交往活动从虚拟空间走向实体空间[167]。这些种种因素促使社区公共空间的交往功能在优化中使其内涵与外延发生转型。

与传统的社交空间设计相比，交往型功能的多义性拓扑更加具有信息密集性、流动性等特点，更加注重功能的共享化和服务内容的复合化。例如，著名的谷歌办公室设计中就能看到很多影音厅、球桌、休息室等家的元素引入和感受到活泼、亲切的氛围渲染，会不由得让工作与闲暇交往发生在同一空间。类似还有遍布全球的星巴克，与其说是咖啡店，不如说它是作为社区会客厅的一部分而存在；Airbnb提供的是介于酒店和家之间界限模糊的体验。[168]对于公共空间交往功能的拓展，西安民间组织"贞观"也在西安老城发起了名为"城市温度"的实验性尝试（图7.8），改造选点在西安回坊的小学习巷内，据记载，这里曾是唐代宗年间一些阿拉伯或波斯官兵在西安居住生活所在地，现今演变成较纯粹的回民居住区，设计团队通过植入了4个微改造节点，回应了巷内标识性弱、设施缺乏、环境品质不佳的问题，期望为附近的居民创造出一些可以停驻下来的、轻松的交流空间，同时也通过标识系统和墙绘为路过的行人和游人展示出历史在此

"人口—空间"双更替的西安老城社区公共空间设计模式

| （a）标识性墙绘引导 | （b）停驻下来的基础设施 | （c）家门口的花架 |

图7.8　西安老城社区内的"城市温度"微改造

地的过往线索，这4个节点如同一个小而有磁性的社交引力场，激发人们来此，发挥各自的想象，创造新的空间。

2）办公型功能的多义性拓扑

随着"互联网+"信息技术和交通高速网络的不断完善，西安老城社区居民的流动性和自由性较于以前大大增强，其中包含一些非"朝九晚五"工作的社区居民，他们具有工作时空弹性大的特点，经常利用网络来实现远程办公和移动办公，因此，老城社区公共空间中也应运而生了为这部分人群（初创者、个体户、商务人员等）提供服务，这类空间既提供网络接口，分布有会议室、办公区、洽谈区等基本功能的非固定办公场所，又成为城市社区中功能多元的社区公共活动中心。因此，办公型功能的多义性拓扑主张的是平等交流和共享，工作内容多以一种社交的状态展现。在这个空间中应该大范围地将社区中的人、功能、空间相结合，实现空间多尺度、多用途、开放性和连通性的功能，使整个组织系统起来既像一个迷你（mini）的小城市又像是一个混合的"社区"组织（表7.8）。因此，在融合办公功能的社区公共空间中既应提供灵活多变的办公空间，形成多企业内部的小社区，同时注重利用社区公共空间的公共属性形成的共享平台（图7.9），创造出新型的活动设施及社交空间，既作为人们会面、聚集和知识共享的核心[169]，又像一座阳光明媚的聚会公园，较好地平衡了办公、休闲和社区感。

老城社区公共空间办公功能拓展内容　　　　　　　　　　　表7.8

办公衍生功能	目的	功能区域	功能要素
工作	利于用户更好的工作与实践	工作合作区	资料库、会议室
		独立工作区	私人办公室、集中工位
		非规定工作区域	流动工位

办公衍生功能	目的	功能区域	功能要素
社群	利用不同用户关系的搭接	兴趣主题	研讨中心
		特殊区域	研究室、工作室
		供应区域	茶水间
社区	利于社区社交活动的开展	设施区域	工作设备
		开放空间	花园、健身场地
		文化展示区域	艺术廊、体验坊
		休闲娱乐区	俱乐部、沙龙、咖啡厅

3）照护型功能的多义性拓扑

西安老城用地有限、建筑密度普遍较高，增加老年人、儿童、残障人士所需的各类功能往往面临较大的压力，通常会借助于功能空间的共享或集体事件的参与来促进社区公共空间的灵活组织。调查表明，超过50%的西安老年人在退休后会选择照顾孙辈，老年人的活动往往会结合儿童行为展开。因此在多义性优化时，应考虑将儿童游乐功能与老年人康体休闲功能并置，或在适宜老年人活动的各类功能中适当加入儿童使用的各类场所[170]，促进"老幼共用"（图7.10）。在笔者与老人的现场访谈中也发现老年人普遍对代际交往的需求度较高，希望结交年轻的新朋友，掌握当下的流行话语，和社会有较密切接触的机会。这方面"多代屋计划"就是一个较好的模式（图7.11）。[171]这种模式是在老城社区内设置多代共享平台，可以与社区会所合设，也可以利用闲置场地单设，

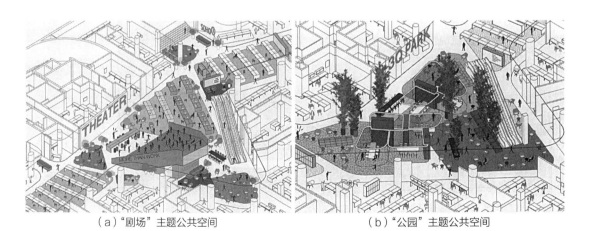

（a）"剧场"主题公共空间　　　　　（b）"公园"主题公共空间

图7.9　办公空间的共享平台示意

资料来源：文森特，宋文迪，黄华青. 光华路 SOHO 3Q 联合办公空间 [J]. 世界建筑，2018（3）：58-65.

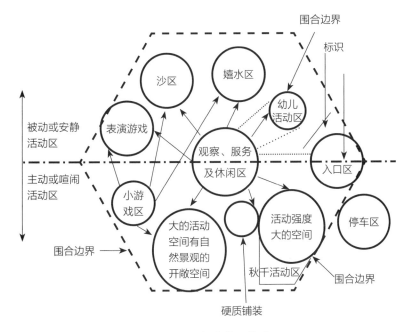

图7.10　老幼共用模式

资料来源：祁素萍等，儿童户外活动场地安全性研究［J］，中国园林，2013（5）：81-84.

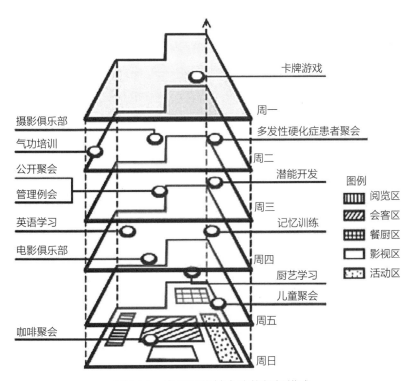

图7.11　多代屋的基本功能组织模式

既承担了居民的日常交往活动，又打破年龄壁垒，为代际交往创造了条件。在多代屋中，老年人之间可互相探讨生活妙招、闲话家常，年轻人可以给老年人普及上网技巧、时下潮流，社区业委会还可通过举办各类讲座和培训，教授老年人乐理、书法、舞蹈等，使老年人老有所得、老有所乐。最后，社区公共空间中除了布置满足适老性的日常交往活动空间和基础设施之外，还应适当增设康复花园等有助于促进老年人和残障人士外出活动交流和病愈后恢复基本活动的交往空间和康复训练设施。

4）运动型功能的多义性拓扑

在我国的老城社区中，运动健身活动以其高度的普及性、日常性和廉价性受到广大居民的欢迎。在调查中，西安老城社区中的体育运动功能的实现通常仅为在宅间的绿地或广场布置健身器材，极少提供软质的运动场地和专业运动器械，也缺失专为幼儿或儿童设计的运动活动空间，难以达到社区居民的日常需求水平。因此，为满足社区中不同年龄层面多样化的体育空间需求，西安老城社区中的公共空间在体育功能方面的多义性优化需要充分考虑场地类型的选择与复合化空间的利用，尽可能"见缝插针"地将零散空间改造成微型社区运动场，特别是针对多数老城社区中存在的儿童运动区域缺失的情况，在社区内应适当补充以儿童强身健体、开发智力为目的专用游戏运动场地，并应根据主要使用者进行多龄互动功能的设定，在其低龄区进行安全无死角的圆形设计，由于幼童游玩路线随意性较大，并不需要刻意设计，只需利用开阔的空间视野方便家长随身陪护；大龄区需要考虑部分儿童独立活动或探险的空间和器械，将现存的花架改造成有一连串不同关卡的游戏连廊，满足年龄变大、智力发育成熟的孩子们进行游戏探索和组织能力的培养（图7.12）。同时，这类型场地应充分考虑社区居民的多元诉求，积极地将成人活动与儿童活动空间进行部分整合，为看护儿童的成人提供相应的休憩空间和辅助配套设施，孩子可以和同龄人一起玩耍，而大人们也可以相互认识、交流，使成人和小孩共享天伦之乐。

图7.12　儿童专用运动场地示意

资料来源：日比野设计网站

"人口—空间"双更替的西安老城社区公共空间设计模式

5）教育型功能的多义性拓扑

对于老城社区公共空间教育型功能的多义性拓扑，通常会通过社区功能优化将原本零散分布的闲置空间进行功能置换和更新，调整改变社区内公共场地、设施的空间形式使其更加开放，相应地补充社区图书馆、共享画室、社区咖啡厅等新型活动空间，形成微型社区活动中心，并通过墙绘、展览、工坊等形式丰富社区互动内容，增进邻里交流。西安老城社区中存在大量多时代融合特征的"大杂院"，并生活着大量的学龄儿童和老人，但老城区内除学校外普遍教育资源匮乏。在样本6（帝京补习学校场地）的案例中，由于场地周边小学较为密集，因此在杂院中逐渐衍生出大量早教、课后作业辅导、托管小饭桌等行业，成为杂院转型教育功能的典型。在优化中，尊重老城杂院的空间特质、保留原有结构的同时可以进行功能模块的置换和升级，在已有培训教室的基础上植入儿童图书室、艺术教室、公共自习室等形成全新形态的公共生活聚落[172]，串联起富有教育性且充满想象力的生活空间（表7.9）。同样，西安老城社区公共空间的教育功能也可以通过举办艺术展览、与艺术家进行工坊合作设计来实现。像北京白塔寺胡同倡导的"北京小院的重生"、"胡同深处的新邻里关系"、"暖城行动"等再生计划和草厂四条胡同举办的一系列诸如"胖子·饺子"、"回忆"、"道·囍"、"海绵城市计划"等的艺术展出，都可以积极地引导社区居民和社会群众参与到社区公共空间活动中来，挖掘家门口的文化艺术潜能，在社区中进行艺术传播。

6）其他类型功能的多义性拓扑

随着技术的发展和社会状况的变化，还需以针对性的功能和手法进行对社区居民最为息息相关的基础服务设施进行点对点的升级，在提升街区形象的同时，也能营造更加舒适的生活环境。从调查的访谈情况看，很大一部分西安老城居民认为夜间出行问题应成为老城社区更新中应重点考虑的方面，特别是早期建成的老旧社区内大多存在夜间灯光昏暗且覆盖面小、照明设施陈旧老化的问题，无法满足居民夜间锻炼、晚归、社交的需求。而公共区域照明的改善可以为居民夜间出行和活动提供安全保障，为公共空间的全时使用创造契机，因此，通过对社区亮度系统中"漏洞"的查漏补缺，逐步消除住区内的照明盲区[173]，科学划分照明水平、优化照明控制系统，结合网络化的智能监控系统，为社区提供夜间"街道眼"（图7.13）。同时在调查中发现，大多数西安老旧社区建成时作为公共服务空间建设都会配有车棚、煤房、澡堂等，这些旧有刚需空间被已经逐渐被社区淘汰闲置下来。在优化中对这些空间的改造与重生应适应时代发展特点，积极地与共享单车停放、快递存放、清洁卫生等日常生活中必备功能结合在一起。例如上海市石泉路的一处水泵房看似破败，但外部环境和内部6m的层高都具有较好的改造潜力，更新后的水泵房功能为街道网格管理中心[174]，创造出很多流动性的开放空间，再加上天光的布置，变成一个开展社区沙龙、项目公示、居民访谈等活动很好的交流场所。

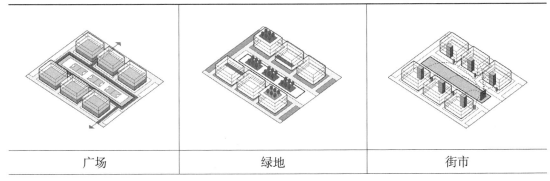

广场	绿地	街市

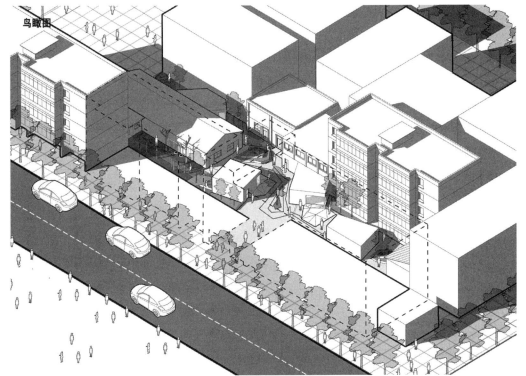

鸟瞰图

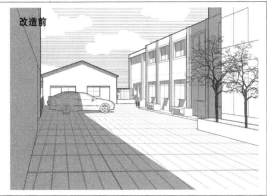

改造前

改造后

样本6改造意向

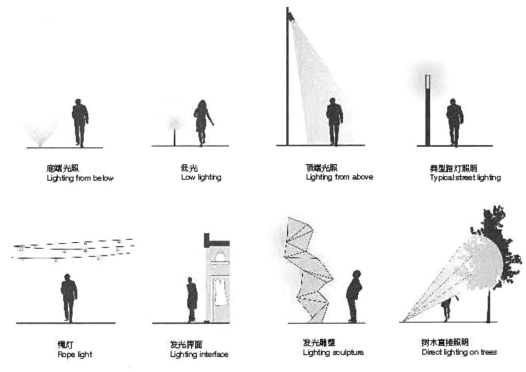

图7.13 社区步行照明补充方式

资料来源：《上海市街道设计导则》

7.3 空间共构的多义性优化

社区公共空间是一个多层次的社会—空间同构的统一体，空间结构应兼顾"大视野"下对社区公共空间进行不间歇的"小织补"，妥善处理与城市交通、空间功能和景观形式等多向度的整合关系，解决现状、眼前迫切的问题，再造公共生活。社区公共空间共构多义性优化模式由整合层级结构、选择多向兼容、强化空间复合三部分构成。

7.3.1 整合层级结构

1. 织补宏观网络

社区公共空间的形成与塑造不仅与其自身的形式功能等要素相关，而且与其所处的城市背景下的用地方式、开发模式、区域政策等各种因素相互关联。

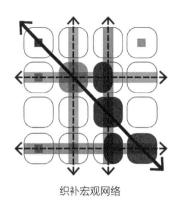 

织补宏观网络 挖掘微型邻里

图7.14 整合层级结构模式图

1）联动布点

西安老城社区公共空间由于建成年代、使用状况和管理方式的差异，导致在整体层面上呈现零散、破碎和无序化，因此单纯从个体着手治标不治本，无法保障其系统性和网络化发展，必须从城市背景下发掘制约社区公共空间发展的根本因素。

目前西安老城社区公共空间网络建设应以存量空间的挖潜为主。

一方面，通过整合消极公共空间，梳理、重组前期建设闲置与边缘化地块，增强功能单元的相互联系，重塑场地活力。可以学习巴塞罗那采用的"城市针灸疗法"对小型公共空间进行改造，在顺应现有城市肌理的基础上，对老城区分布众多、零散无序的小尺度公共空间进行整合（图7.15），迅速缓解老城区公共空间数量不足、活力欠佳的问

  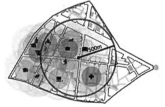

（a）公共空间布点 （b）500m服务半径

图7.15 利用城市针灸法联网布局小型公共空间

资料来源：李凉，徐析. 巴塞罗那交通基础设施的公共空间再生计划，1980-2014［J］. 时代建筑，2015（9）：77-82.

"人口—空间"双更替的西安老城社区公共空间设计模式

题，恢复区域公共空间黏性[175]。在新改造街道的公共区域，通过对街角的放大化处理，在交叉口留出小型口袋公园；在已稳定发展的街区中，因地制宜的进行小规模、渐进式改造，既满足了居民多样化活动需求，还成为老城复兴的激发点。[176]

另一方面，推动用地的附属公共空间对外开放，将部分西安老城社区内私人或集体空间与既有社区公共空间网络相连接，通过分时分段精细化管理、货币补贴或奖励增容等有效手段，提升城市的开放性和便捷性。城市中心区由于地价普遍高昂，多以高回报、高容积的商业开发为主，供居民活动的公共空间寥寥无几。因此，在维持原有产权基础上，像纽约、香港、新加坡这些城市就通过容积率奖励等方式，激励"私属空间"（privately owned public spaces，即POPS）的充分使用与良好管理，来获得更多的社区公共空间[177]。类似的也可以在西安老城社区公共空间的优化中试点，通过在部分周末、平日人流量需求差异较大的地段设置限时步行街，将大厦底层架空和二层平台转化为城市公共空间的方式，使公共空间在有限的用地上得到了极限化发展（图7.16），既满足了市民对于公共空间容量的需求，也不会影响容积率、限高的规范要求[178]。当然，这些附属公共空间可以高效地运转，也与当地政府实施的法定图则、政策指引和设计指导等公共空间补偿的保障机制密切相关。

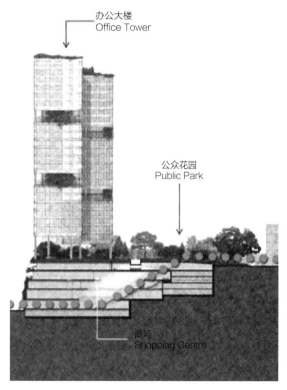

图7.16　私属空间改造示意

资料来源：香港规划署网站

2）细划半径

老城整体层面的社区公共空间布局普遍存在设施配置不充足、不均衡、不覆盖的问题，原先的规范中多强调设施配置数量、面积和人均面积标准，而对服务半径的圈层性不够重视。新版《城市居住区规划设计标准》GB 50180-2018尝试引入"生活圈"概念，将生活圈细分为15min、10min、5min三种类型，结合住区等级和服务半径情况进行相应设施配置（表7.10）。

居住区分级控制规模　　　　　　　　　　　　表7.10

距离与规模	15 分钟生活圈	10 分钟生活圈	5 分钟生活圈	居住街坊
步行距离（m）	800-1000	500	300	—
居住人口（人）	50000-100000	15000-25000	5000-12000	1000-3000
住宅数量（套）	17000-32000	5000-8000	1500-4000	300-1000

因此，在优化西安老城社区公共空间区域层面的规划布局时，可以利用多源大数据、测绘和民调等方法相结合的方式对老城社区进行公共服务能力评估，根据公共空间类型划定服务范围，针对服务盲区、重点地区逐一补足、优化，确定老城区服务设施网络布点和优化类别，例如包括慢行交通网络（自行车专用道、共享单车服务点、背街小巷环境再造等）、智慧服务网络织补（智慧社区管理、智慧医疗、智慧安全监测等）、文化品质提升（传统文化风貌修复、艺术空间营造等）等等[179]。通过这种细胞单元式的织补效应，解决居民日常生活需求。

在对重点地区的老城社区公共空间优化时，可以进一步针对场地的不同使用群体，通过跟踪调查，摸清其出行特征和规律，与生活圈理论相结合，增强设施配置的针对性和有效性。在《上海市15 分钟社区生活圈规划导则（试行）》中，就针对不同群体对设施的关联度需求，分别形成以儿童、老人以及上班族为核心的公共设施圈（图7.17），可供西安老城社区参考。对于老年人群体，建议以菜场为核心组织布局，与绿地、学校及培训机构等邻近布局[180]，方便老人在近距离出行的前提下一次性完成买菜、锻炼、接送孙辈等多个活动；对于上班族，建议以商场、超市、电影院等商业娱乐设施为核心组织布局，丰富年轻人的在下班后或周末的社区生活。类似的在日本，社区公园体系会划分为地区公园、近邻公园以及街区公园三种类型，以满足不同规模人口的不同游憩需求（图7.18）。

图7.17　社区设施圈层布局示意

资料来源：上海市 15 分钟社区生活圈规划导则（试行）

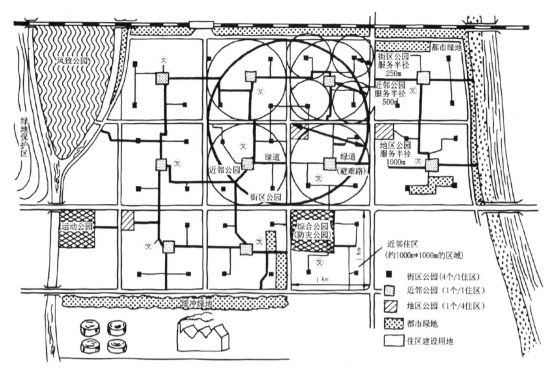

图7.18　日本社区公园体系示意

资料来源：（日）建设大臣官房技术调查室. 福祉规划指南［M］. 东京：藤美出版株式社，1996.

2．挖掘微型邻里

微观邻里空间主要是指那些与日常公共活动密切关联的外部公共空间，通常具有尺度较小、附属性强和功能随机性大的特点，也是本文主要的研究范畴。在调研中，笔者在发现西安老城社区中居民会自发地将某些闲置或者需求不符的空间进行相对固定的二次改造，这种改造既可以是"老瓶新酒"式的（原空间引入新功能），也可以是"微创"式的（小规模微型改造），以求更符合日常的使用需求。体现出居民的生活智慧和动手能力。例如，在西安粉巷街口绿地戏迷们经常自发地组织秦腔表演、碑林门口小广场常能看到小朋友以水代墨的书法练习，这些都是源于当地居民极为日常的社区活动，那么在空间优化中设计师就必须为这种活动或行为提供空间保障。调查中发现，老城高混杂和高密度的空间经常会挤压活动场地特别是儿童活动空间，许多老城区生活的孩子大多只能在车水马龙且堆满货物的街道上玩耍，危险性不言而喻，改造中可以将儿童经常玩耍的空间进行重新限定（图7.19），通过这种简便易行的方法，既提升了游戏空间的领域性和品质，又用醒目的红色间接提醒行人关注场所的安全性[181]。

同时，不同的使用群体对空间需求是不同的，也会随着时代发展而不断变化，社区公共空间还应提供一种连续场景组织的可能性，以适应社区居民日常生活的复杂性。

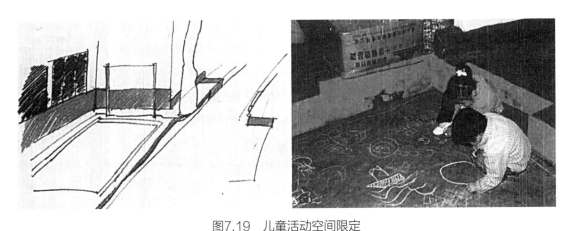

图7.19　儿童活动空间限定

资料来源：汪原. 零度化与日常都市主义策略［J］. 新建筑，2009（6）：26-29

同时，对于西安这座具有悠久历史的古城，更需强调尊重地方的日常生活和集体记忆，注重方案的弹性和适应能力，制定易于操作、付出代价较小的更新计划，居民可以根据自己的喜好而灵活使用空间，积极地参与到社区公共空间的建设事务中来，自下而上地营造交往空间，加强对社区环境的归属感和认同感。例如文中的样本2（县仓巷健身场地），周围环境基本都是建于20世纪80-90年代的集合居民楼，尽管该场地平整宽阔，有一定运动设施和相关配套，但整体场地环境品质欠佳。在优化中，为了更好地呈现的日常特质，可以在场地中边界上预制一个框架结构的网架装置，附近居民可以根据自己的需求随意在装置上悬挂自己的物品：吊床、秋千、衣物、鸟笼等，满足了场地居民游戏、休息、售卖、交往等各种空间需求，使居民们发自内心去参与装置的使用并用心维护，同时，在节约预算的情况下将树下空间铺设沥青，为孩子们用粉笔涂鸦以及玩耍游戏提供场所，并方便家长在炎热的天气中坐在树荫下就近看护幼儿（表7.11）。

微观邻里应用模式及改造意向　　　　　　　　　　　　　表7.11

广场	绿地	街市

样本2改造意向

7.3.2 选择多向兼容

1. 兼容水平交互

在西安老城社区公共空间发展预留面积不足的制约下,如何在有限的空间中开发出更多的使用功能和使用形式是解决这一矛盾的核心(图7.20)。

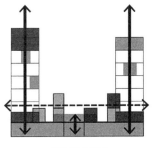

兼容水平交互　　　　　　　　　　吸纳竖向增补

图7.20　选择多向兼容模式图

在水平层面，社区公共空间的交互优化应体现在三个方面：

一是包容性，即指同一空间中多种功能的协调并存，也反映在对各类日常活动无差别地容纳上。从促进交往的角度出发，西安老城社区公共活动空间在优化时应尽量减少视觉、听觉上的阻碍，更多地创造多功能共场机会，来促进居民的交往意愿。同时，应将性质相近的活动功能就近安排，同时采用巧妙的分隔方式[182]，注重各功能的渗透，比如读书区与咖啡馆的融合，拿起一本书、一杯咖啡就可以享受一下午的惬意；就餐区与影视区、娱乐区融合，为节奏紧凑的生活提供优质的享乐方式，这种布局方式的目标就是希望所有人都能在公共空间中找到符合自身喜好和生活习惯的活动方式及场所。

二是互动性，互动的目的就是要达成老城社区公共空间的"可游性"。视觉互动是前提，行为互动是目的，在优化时一方面需选择高大的标志型装置和无遮挡的绿地、铺地材质，吸引人们的注意，并诱发自由进入；另一方面需要在空间中引入大小尺度、曲直穿插、不同目的地的路径，引导人们产生路过进入、停驻观赏、休憩玩耍等行为。

三是集约性，社区公共空间应形成紧凑、连续的组织模式。调查中，笔者发现西安老城社区公共空间的开放性和用地使用效率呈正比，因此，在优化中可以尽量使西安老城社区的公共空间融入城市开放环境之中，构建公共空间的网络体系，可以在同一场地中安置多种类型功能，也可以利用街道将多类型空间衔接起来，形成连续体验。

因此，社区公共空间既是社区居民进行活动、交流、事务的专属空间，又可以接纳社会人士的自由进入，与城市环境协同共享，成为向社会传递信息的必要场所和展示新型城市风貌的重要一环。

2．吸纳竖向增补

在社区公共空间中竖向拓展可用空间也是解决西安老城用地日趋紧张的一种新思

路、新途径，杨经文在《重构摩天轮》（*Reinventing the Skyscraper*）中写道，"设计一个成功的垂直社区，将不仅仅是对目的地和交通模式的考虑，更重要的是从城市的角度考虑这个过程会对社会、经济和环境带来什么样的影响"[183]。

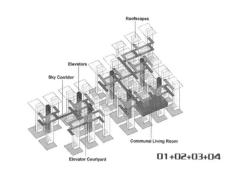

1）向上拓展

这是以一种空间立体化模式来思考社区公共空间的构成体系，使向高空发展成为一种可能——利用屋顶平台、楼间空隙、交通性空间等组织社区公共空间的竖向拓展（图7.21）。

西安老城攀升的房价和生活成本导致大量社区人口特别是青年人群大多生活在高密高层的居住建筑中，基本没有室外公共活动环境，如何在确保基本居住隐私的基础上，为建筑内部创造公共

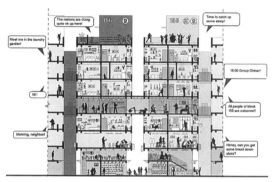

图7.21 住宅中的垂直公共空间体系

资料来源：DOFFICE. 水围柠盟人才公寓［EB/OL］. 2018-06-20.

空间，让居民融入公共生活、获得社区归属感也是设计师应面对和解决的问题。西安老城社区大部分建筑为板式楼，顶部空间基本利用率较低，最易安置大面积绿化种植及运动活动场地。而且，现在的屋顶平台建设技术、种植技术已经趋于成熟，较为广泛使用，常常反映出业主对森林环境的期待和对绿色的喜爱，既可以有效过滤街道粉尘、净化室外空气、吸收环境噪声和增加生物多样性的益处，更进一步的，面向整个社区的这种面状公共空间，也为社区居民交流提供了活动空间，起到了促进社会交往的作用。

相较于屋顶平台，老城社区楼内建设的公共空间面积较小，但可作为邻里交往单元的凝聚空间，为生硬的人造高密度城市空间提供"透气孔"。例如在样本4（世纪领域小区场地）的优化中就可以结合楼梯间、电梯间和走廊等交通空间扩大公共空间，也可以通过结合立面造型局部挖空形成公共院落，创造一个多户共享的绿色公共活动场所，成为邻里交往的平台（表7.12）。通过在楼缝中植入立体公共空间对屋顶平台、楼内交流空间、地下停车场等加以连接，构建出社区公共空间的三维网络和垂直街区。

2）向下挖潜

地下空间是地上空间的延续和补充。对于西安老城的保护与发展的矛盾来说，在

地上建筑密度和城市限高制约较大的情况下，大量未利用的地下空间具有巨大的开发潜力。由于地下空间具有冬暖夏凉、节约能耗的特性，其覆土建筑和绿化对环境又有着积极影响，随着我国土地资源的日益紧缺，老城社区地下覆土型公共空间也应该成为设计师们的重要研究内容。

西安老城社区的地下公共空间可根据挖潜位置的不同分为两种：一种建筑内部的地下闲置空间，这部分空间可以重置功能利用起来，适宜配置室内公共活动空间，如对光环境有要求的小型定制影院，对风环境有要求的羽毛球、乒乓球等运动室，以及录音、琴房等需要安静环境的场所。例如位于北京大栅栏地区的三井胡同21#小剧场（图7.22），就通过设计地下5米深的空间，得以在完全不增加四合院内建筑高度的情况下，植入 20m×15m×6m 的观演空间[184]，全面整合地上、地下空间，满足了四合院里小剧场的演出要求。另一种是位于室外空间的地下空间，这部分空间相对面积较大，形式利用较为灵活，例如西安老城区早期的住区大多未有地下车库，就可利用现有建筑技术在广场、绿地下方开发地下停车空间。

因此，对于地下空间的多义性优化，不能仅将其作为地上建筑的附属部分，而应该将其纳入整个社区邻里关系及生活网络进行综合考虑，成为社区公共空间系统组织的有机内容，有效地整合和完善了日常生活资源，联动地上、地下空间要素，营造出一个半公益性、半商业化的社区公共空间平台。在这个平台中，通过社区活动和免费的休闲活动将社区居民吸引至面积富裕、租金低廉的地下空间，居民在共享教室利用自身所长开设各种培训班，租用整个空间举办聚会，使用书房约见朋友……"用商业的方式反哺公益，并形成一个可循环的系统"[185]，鼓励社区居民用自身的力量参与社区公共空间的建设和运营，维持空间的适应性使用，这种优化模式也是在对社区地下空间进行持续性的、实验性的改造过程中逐渐产生的。

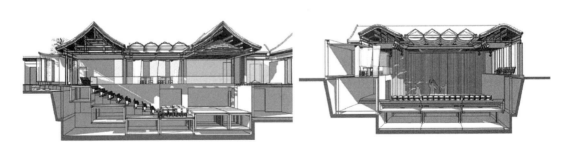

图7.22　在四合院内植入小剧场

资料来源：商谦. 当代北京城地下空间研究［D］. 北京：清华大学，2015.

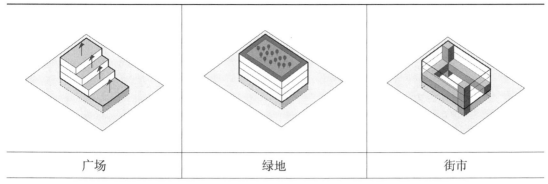

广场	绿地	街市

鸟瞰图

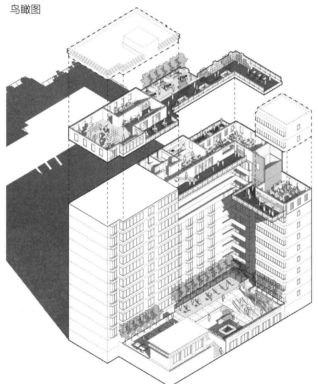

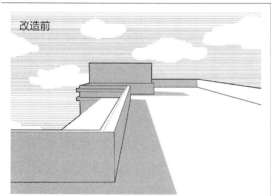

样本4改造意向

7.3.3 强化空间复合

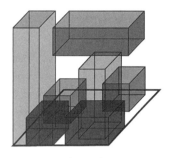

强调立体融合　　　　　　　　拓展空间折叠

图7.23　强化空间复合模式图

1. 融合立体基面

在调查中发现，西安老城部分社区公共空间会依附于社区活动中心、公共市场、小型体育中心和商业综合体等社区公共服务设施设置，呈现出一种基面交叠的立体融合状态。在城市层面，立体化的社区公共空间与城市之间具有较大的接触面，能够在多个方向、多个尺度上与地上、地面、地下空间接驳，达到社区融入、地块联系、景观延续的目的；在社区层面，立体化的公共空间可以为室内功能的延续提供良好的平台，更好地引导室内外活动的互动关系，起到营造聚集性空间、激发室内外活动、优化建筑群体流线的目的（图7.23）。

图7.24　公共建筑内植入半室外公共空间

在西安老城中公共空间立体融合模式使用已较为成熟。在优化中，一种常用的设计方式就是可以通过在公共建筑内部置入一个水平和垂直方向具有连续性和贯通性的巨型半室外公共空间，来满足居民需求的适应气候变化、通风条件良好的活动空间，让人们可以在一年四季享受其中（图7.24）。另一种立体化的设计模式就是可以依托西安传统

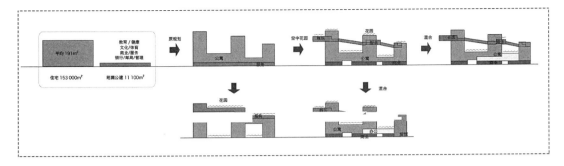

图7.25　联结复合体模式

资料来源：周扬等．浅谈我国居住建筑的集约化发展——以北京"当代MOMA"社区规划设计为例［J］．四川建筑科学研究，2012（4）：220-224.

街道的线形空间创造出一种新的类似于"联结复合体"（Linked Hybrid）模式："在注重和城市互动的同时，对传统的二维城市空间组织模型进行了修正性发展——采用了立体化的层叠布局方式"（图7.25）。[186] 设定了不同空间层次：地面层面向城市开放，确保该环境像一个微型城市街区，社区内外行人可在街巷中不受限制地自由穿行；社区级的功能通过"天空之桥"与居住单元连接，利用二级门禁系统提升公寓的安全性，避免居住建筑中出现过多的陌生人；在环形桥内两侧布置有各种具有商业性、社交性、商务性的功能空间，为社区内部居民服务。这种水平向与垂直向相互交织的立体化组织方式使社区公共空间在三维层面上紧密地融合在一起，最大限度地发挥其高效便捷空间属性的同时，又为社区创造出连续、层级化的交往场所。

2．拓展地景折叠

空间折叠也是社区公共空间复合化的形式之一，表征为当空间基面的起伏至一定程度时，基面与屋面、墙面融为一体，最大程度上为公共空间的联络、互动、混合和融入提供可能性（图7.26）。这种形式运用到西安老城社区公共空间的最大优势在于公共活动的不受阻碍和公共空间的自由流动，与多义性的设计宗旨相契合。

在西安老城社区中，景观绿化以其自身的灵活性与可塑性，可以较好地实现折叠模式的思维构想，成为达成社区公共空间联系与塑造品质厚度的优良媒介。例如在样本9（东门小绿地）中，基地自身绿化资源和环境品质上佳，但周边城市干道对场地干扰较大，再加上场地地下设有区域级停车场，车行交通混杂，对步行前来的社区居民产生了不良的交通屏障。因此，在优化中，通过对地面层景观的"折叠"处理，将建筑、绿地、交通连为一体，起伏的地景式公共空间加强了城市交通和户外空间的可达性，"折叠"形成的覆土空腔还可以解决停车、商业、管理等实体空间需求，营造出一个多维向度的、延展性的综合环境体验，变相也实现了土地的集约利用（表7.13）。

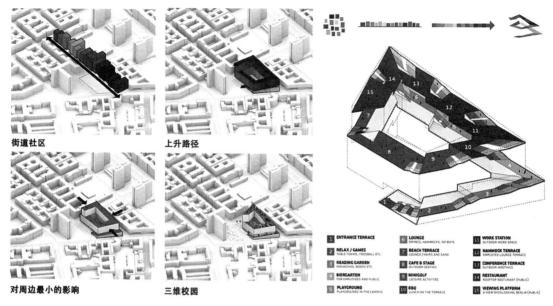

街道社区　　上升路径　　对周边最小的影响　　三维校园

图7.26　公共空间的折叠模式示意

资料来源：BIG. BIG 进入 Axel Springer 新媒体中心竞赛三强［EB/OL］. 2013-12-13.

空间折叠最大的特点就是灵活而自由的平面和螺旋上升的连续面刺激各种跨街区的交流和增加多个领域人们的偶遇，利用退台和阶梯串起了若干个连续的公共空间，如庭院、露台或者天台花园，保持与城市和社区双向最大限度的视觉联系。[187] 现今，借助于计算机的参数化建模技术，社区公共空间可以实现一个或多个基面的三维起伏的现实建造，加强公共空间的连续性和立体化。

空间折叠应用模式及改造意向　　　　　　　　　　　　　表7.13

广场	绿地	街市

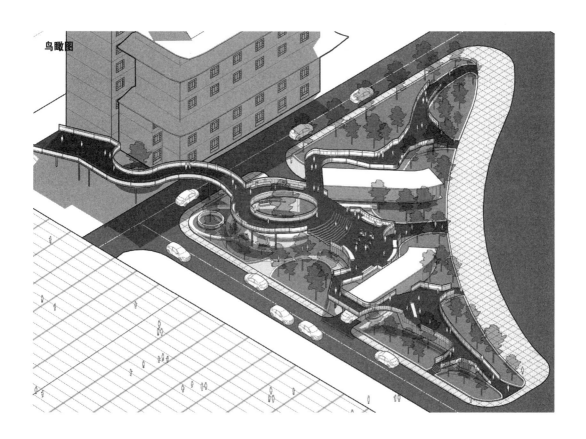

鸟瞰图

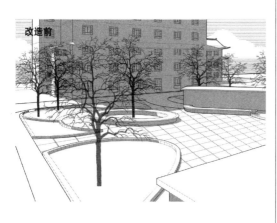

改造前

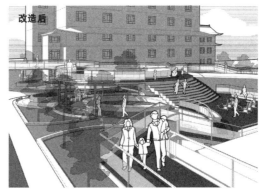

改造后

样本9改造意向

7.4 形态弹性的多义性优化

老城社区现状条件极其复杂，规划的弹性和预制能力在面对现状因素较多的情况下时应具有再设计或再调整的可能性，不断深入挖掘容易忽视的细节，并为后期发展留有余地。社区公共空间形态弹性多义性优化模式由采用中立标准、促进边界渗透、盘活闲置用地三部分构成。

7.4.1 采用中立标准

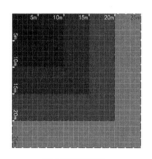 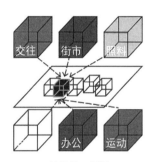

选用模数设计　　　　　　　　　　　　转换单元模块

图7.27　采用中立标准模式图

1. 选用模数设计

标准、量化、比例变化是模数的最大特点，为了便于生产和施工，以及空间形式的规则韵律，可以通过确定一个合理的模数尺寸来对社区公共空间进行组合划分、控制全局（图7.28）。因此，在西安老城社区公共空间优化中应尽可能赋予空间满足行为需求的模数量度，例如在街市型的公共空间中，我们可以将场地作为一个整体考虑，使用其中一个摊位作为基本模数，其他摊位依照这个模数进行倍数增减，摊位间既可单独使用也可灵活合并，方便功能的组合与拆分，柱跨布置规整，空间弹性可变。

类似的是，《外部空间设计》书中提出的"外部模数理论"，建议外部空间设计采用20-25m这个模数来进行场地变化[188]，因为这个尺度是可以识别人脸、看清对方表情的距离。这种说法也和我国传统风水上所说的"千尺为势，百尺为形"的定量依据相吻合，以百尺（约为现在的23-35m）作为公共活动场地的视距标准是比较恰当的。因此，在进行西安老城社区外部空间的多义性优化时，可将20-25m的坐标网格铺设在现状基地上，估计出场地的大体尺度和划分，利用场地模数形成富有韵律感的节奏关系。

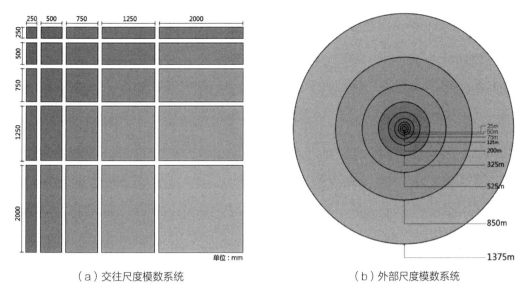

| （a）交往尺度模数系统 | （b）外部尺度模数系统 |

图7.28　尺度模数参考

资料来源：改绘《外部空间设计》

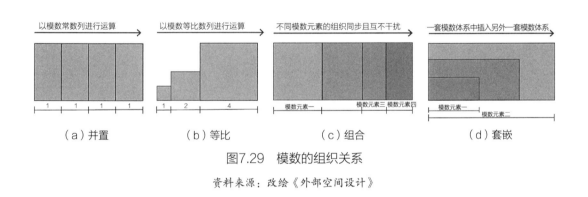

| （a）并置 | （b）等比 | （c）组合 | （d）套嵌 |

图7.29　模数的组织关系

资料来源：改绘《外部空间设计》

同时，也需对场地模数进行人体参数、建造规范、边界定位等一系列尺度细分，灵活调整模数的并置、等比、组合、套嵌等关系，使植被、铺地、设施等组成元素在变化中可以规律性的重复，在重复中又有富于变化（图7.29），构成简单体系的多义性公共空间。

2．转换单元模块

大部分西安老城公共空间环境较为简陋，常规的定制性设计耗时费力，而单元模块化设计由于其标准性和独立性的特质，对多种功能具有包容性，能适应多种空间状况（图7.30），"在必要的情况下，可以互相取代对方的职能——而这正是适应变化的能力之关键所在"[189]（图7.31），且具有生产成本低廉、拆建维修便捷的优势，在老城社区中落地性较强。

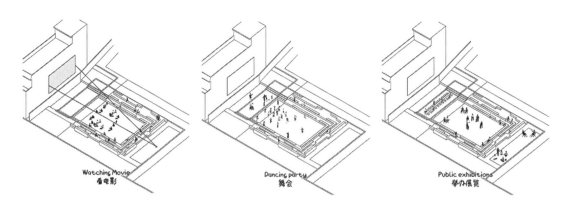

图7.30 模块的包容

资料来源：我们的广场，四川［EB/OL］.

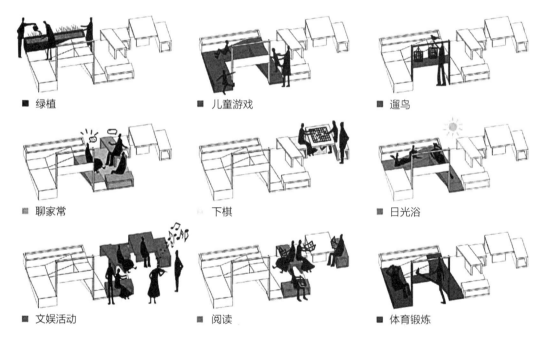

- 绿植
- 儿童游戏
- 遛鸟
- 聊家常
- 下棋
- 日光浴
- 文娱活动
- 阅读
- 体育锻炼

图7.31 模块的互换

资料来源：北京国际设计周"9平方米9种公共空间"主题展

在西安老城社区公共空间的模块优化中，首先需要确定模块功能、尺度和组合关系，例如样本12（三学街口书画市场）毗邻碑林博物馆，兼具社区居民健身游憩和外来游客售卖服务的双重属性，在模块设置上需综合考虑功能的针对性和兼容性，如其健身休闲单元多针对本土居民，对应的基础模块有座椅、器材功能，并通过组合可以增加遛鸟、晾晒、下棋等日常功能；而售卖服务单元则需要考虑社区居民和外来游客的共同使

"人口—空间"双更替的西安老城社区公共空间设计模式

用，使设计中对应的基础模块具有收银、洽谈、展陈功能，并通过组合可以增加休息、读书、创作等功能，实现模块化公共设施的最大化使用。在基本组合的基础上，单元模块的灵活拆搭可以进一步实现对场地的快速适应，运用加法和减法的手法去对建筑整体空间重新分配，再加上场地日夜人流差异大，白日可充分利用场地商业资源进行模块的最大化组合，夜间可以通过对模块的部分收折提供给居民更多的活动场地和停车空间（表7.14）。甚至在未来发展中，可进一步建立云端模块库，通过对人口流动和需求变动的实时监测和信息反馈，使模块化系统的功能组合不断更新完善，改变以往的设计模式，转换为以民众自主参与为主的新模式，更为与时俱进。

单元模块应用模式及改造意向   表7.14

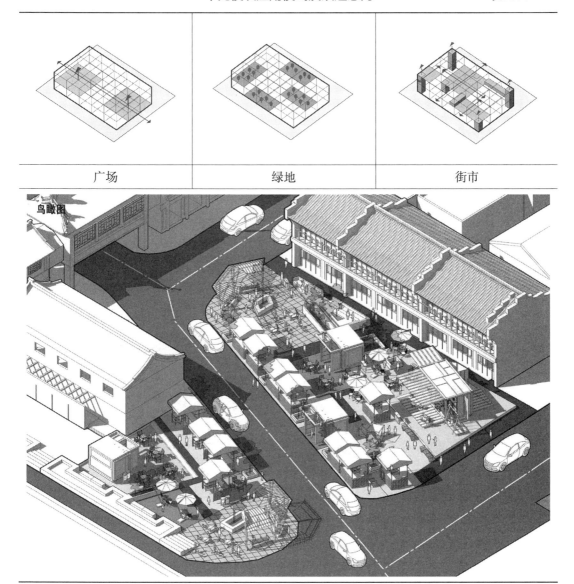

| 广场 | 绿地 | 街市 |

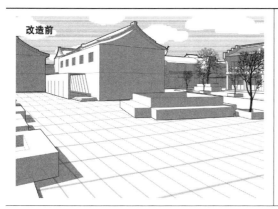

样本12改造意向

7.4.2 促进边界渗透

1．丰富限定形式

在西安老城社区公共空间中，通常会设置围墙、道路、绿地等界限，明确边界限定的范围。因此，可以通过优化边界的形式来取得活动内容互动和辐射效应能力，创造出更多有活力的场所。边界优化形式主要有水平限定优化、高差限定优化和顶面限定优化3种（图7.32）。

水平边界通常有硬性和柔性之分。硬性边界会对空间产生权属明确的生硬划分，像围墙、沿街底商等，如西安老城大部分老旧住区公共空间就采用厚重的院墙形式进行空间围合，这也与当时年代的规划政策情况相关，会带来强烈的封闭感和距离感。在调查中，笔者也发现凡是采用硬性边界的公共空间样本，其开放度和进入度都大打折扣，

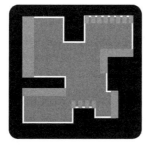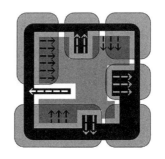

丰富限定形式   模糊边界交互

图7.32　促进边界渗透模式图

因此在社区公共空间优化中通常不建议采用。而柔性边界是指那些对空间有围合作用但不完全进行视觉隔离的类型，如柱廊、栅栏、矮墙、绿化、坡道等，保留一定的空间联系，由此也产生了相应边界过渡空间，既增加了活动的层次性，也是优化中互动性和通透度较好的表现形式（图7.33）。

高差限定是以场地之间或室内外的高差关系为限定标准，最典型的通过台阶、退台或堆坡形成边界限定，利用灌木、乔木、草坪等多种植被形式组合塑造出种植池、攀爬架、微地形的铺设，赋予空间轮廓柔软和模糊的特质，再加上观赏点和距离的不同，丰富边界的视觉层次。例如阿米尔市滨湖下沉花园，利用不规则的曲折高差设计既不产生视觉的隔离限制，又在停车场与外围道路的缝隙中创造出若干个小的活动场所（图7.34）。

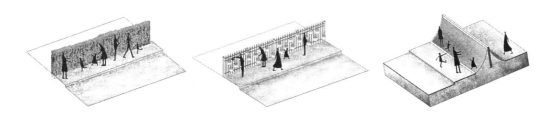

图7.33　柔性的水平边界

资料来源：肖国艺，王新征，衣辉乐. 基于向城市景观转化的居住区边界"软化"探究［J］. 华中建筑，2015（8）：
171-175.

图7.34　曲折高差限定设计

而顶面限定以植物和构架物为主要形式，较为常见的是树阵广场的设计，由树冠枝叶的搭接自然形成树荫活动限定区域。在优化中，也可以通过加盖顶棚或网架形成活动的灰空间（图7.35），在社区内创造出更多集体共享、停驻休闲的日常空间。

2．模糊边界交互

边界线体现了与周围环境发生关系的交互能力，"当境界线达到无限长时，介入环境的程度也就开始变得越来越大"[190]，因此，模糊边界的目的是为了使社区公共空间与城市的接触面增大[191]，营造出若干处可让人停驻、交往的空间。在优化中需要精细化的规划和经营边界地带每一处小微空间，力图让边界成为社区居民愿意停驻的场所。

1）凹凸界线

在调查中，西安老城社区公共空间基本上都依托于街道而形成，常采用围墙或沿街建筑来界定"内与外"的分隔关系，致使社区与城市产生疏离，大量残余空间被浪费在边界处。因此，在西安社区公共空间边界的具体形态操作时，可以通过打破"一"字形空间，对直线空间局部拓宽或内缩，运用折线及弧线的蜿蜒来创造一定的开合空间在边界上，让界面发生错落起伏，增强人行流线的能动性和视觉叙事性，丰富社区与城市

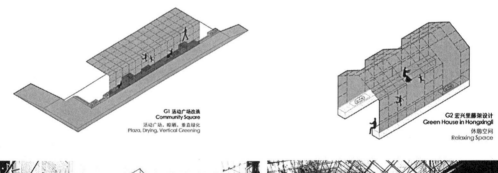

图7.35 网架形成顶面限定

资料来源：童明，黄潇颖，任广，梓耘斋建筑．旧里新厅——南京东路街道贵州西里弄微更新，上海，中国［J］．世界建筑，2019（1）：86-89.

"人口—空间"双更替的西安老城社区公共空间设计模式

之间过渡区域的趣味，由此产生的多种边界空间形态能更好地激发界面设计的创造力。模糊边界优化最常见的方法便是营造"凹凸空间"（图7.36）。凸空间常常适合放置强调性、展示性的活动内容，比如商家的商品推销摊位、群众自发的群艺表演空间，而凹空间的空间领域感和归属感较强，为使用者提供停驻的场所，如沿街建筑退后形成的半围合院落、小型的口袋公园等。像近年来大栅栏胡同里的阶屋（图7.37）、停／亭、手工艺者之家等系列设计中，街坊边界的处理手法都非常值得西安老城社区公共空间借鉴。通过这种凸凹处理，模糊边界线不再生硬地划分内、外空间，而是呈现出"介入倾向于溶解内部与外部的明显界线"。因此，在社区公共空间中应将硬性的边界转化为具有弹性的边界，增加内、外具有"颗粒感"的"摩擦力"，在连续的界面上创造出一个个共享的场地、公园和集市。

2）耦合面域

除此之外，调查发现社区公共空间也具有一定的边界厚度，可容纳如建筑实体、柱廊、花园等自身的"面域"空间。在西安老城社区公共空间中，边界面域可以通过景观和建筑两种手段来设置空间的"第二边界"，目的都是在公共区域与私密区域之间增加层次，提供缓冲空间来屏蔽嘈杂的城市环境，建立社区的归属感。例如传统建筑的檐廊空间就可以看作是丰富的第二边界，再比如利用绿色廊道将步行通过空间与活动空间分离，利用植被配置、绿化组织的不同景观形态，丰富边界的体验层次。可以

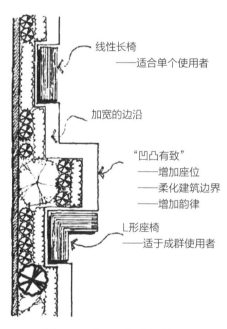

图7.36 "凸凹"空间处理

资料来源：常芳芳. 基于功能角度的城市公园的多义空间营造［D］. 南京林业大学. 2013.

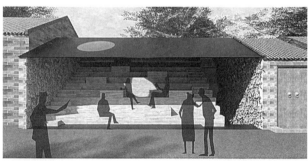

图7.37 边界的凹空间营造停驻空间

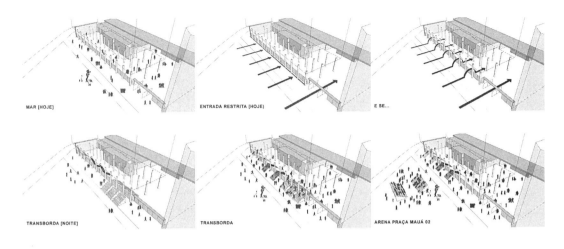

图7.38　边界形成的有厚度的空间体系

说，边界既有厚度，也有秩序，它由开放转向半私密，是一个连续、流动的空间序列（图7.38）。

在西安老城中，可以通过对街区边界的开合处理，将生硬的边界"墙壁"转化成流动的边界"面域"。例如样本5（唐人街小区场地）为街区型住区，其公共空间位于住区出入口平台，在优化中，笔者引入桢文彦的"群集"理念，通过不断变化的建筑形式逐渐拓展对边界进行复合业态的功能"增生"，在街区边界上设置小广场、小花园等透气"缝隙"，让"内部与外部的风景也因而得以重叠、交错"[192]。同时，在二层平台的硬质场地内部，设计了一系列公共、半公共和私密的日常人居空间，按居民活动惯习合理布置社区活动中心、舞台、花园、网架、雨棚等，创造出需求与功能高度相符的空间场域和都市聚落（表7.15）。

边界交互应用模式及改造意向		表7.15
广场	绿地	街市

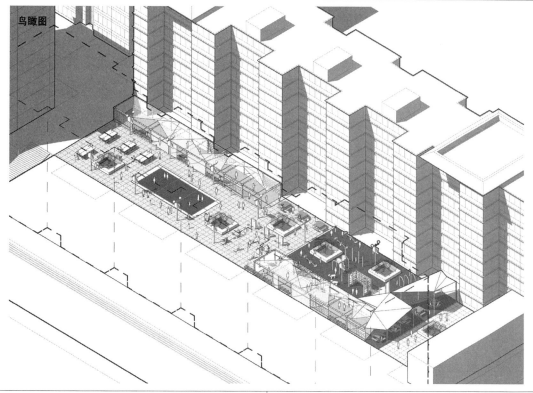

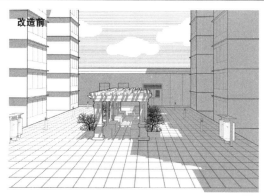

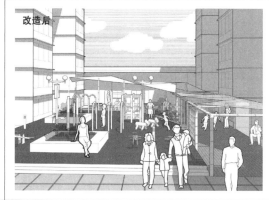

样本5改造意向

7.4.3 盘活闲置用地

1. 临时低技处置

闲置用地在西安老城中一般属于高度动态的区域,多出现在建筑物拆除后或空间停止使用时,随着城市建设的发展而逐渐失落。[193] 所以,部分社区内的废弃地或闲置地

临时低技处置   激活消极场所

图7.39　盘活闲置用地模式图

适合于短期或临时性的微更新解决方式。

临时社区公共空间一般设在一些用地紧张、空间局促的场所，稍加简单技术改造或放入临时设施，不对场地进行高投入的方式，来满足不同群体在不同时段的使用需求。例如老城中随处可见的移动种植箱以及价格低廉的拆卸式构筑物就是较好的选择材料。白天移动种植箱和构筑物充当了社区美化花园、公共停车场边界，晚上就有可能变成露天餐吧、广场舞池和质朴的座椅家具，通过这种简单易行的办法使社区内的消极空间就变成了无论是在白天或是晚上都富有活力的公共空间（图7.39）。再如"红线公园"就是一种从草根意识出发的对社区边界进行低技术改造的类型学实践，通过利用如轮胎、麻绳、竹竿、自行车架等随处可见的材料进行模块化设计（图7.40），达成为可回收的、可变化的、预制的、通透的、经济的等空间互动诉求，为社区内里大多数居民来提供"家门口的公园"。此模式通过将红线旁这些留给"未来"的闲置地变成了街边公园，同时将硬质的实体围墙改造为虚拟的概念围墙，从而将公共空间创造于"窗外"、嵌入到"围墙"[194]，成为从围墙城市向开放社区转变的一个踏脚石。

2．激活消极场所

老城普遍建筑密度较高，土地破碎化问题严重，能产生社区集聚效益的活动用地和自然生境面积紧张，于是闲置、废弃、甚至楼宇间的边角空间都应被充分挖掘利用。

对于西安老城社区公共空间来说，消极场所主要包括社区的边缘地带、交通附属空间、废弃空间等一些已被人们遗忘而处于消极状态的空间。产生的原因有二：一是在老城快速更新过程中，由于社区空间结构转型，产生出若干空间使用盲区，例如社区院墙、转角处等；二是随着历史发展、使用需求的降低，导致部分空间失去使用功效，例如煤房、地下室等。如何将这些消极场所再利用，以有限的费用和较短的时间，改善社区公共空间形态，也是多义性优化很重要的一环。像西安老城区建筑一般为6-7层的多层建筑，很多山墙面处于交通路径旁，是潜在的聚集场所，但与居民、行人不具备互动

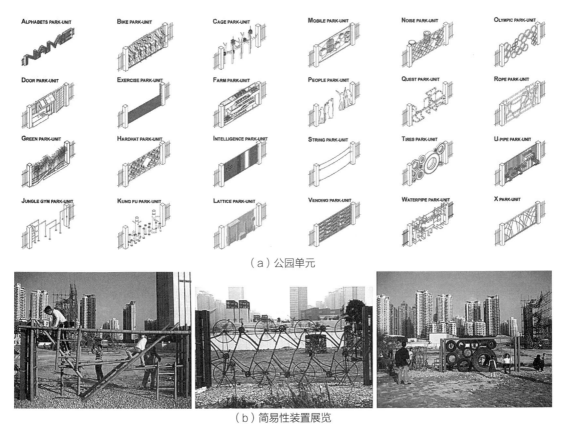

（a）公园单元

（b）简易性装置展览

图7.40 利用低技改造而成的红线公园

资料来源：徐科峰，郭婕，田华. 住宅区开放趋势下边缘空间功能创新的探索［J］. 青岛理工大学学报，2017（10）：51-55.

性，以消极空间呈现。"垂直切片"的改造方法适用度就较高，通过在居住建筑山墙面竖向插入"突变体"，既能捕捉住人的视线，又合理置入社区公共活动性质的内部功能（老年活动室、社区中心、图书馆等）和具备共享性质的外部功能（如健身俱乐部、联合办公室等），同时，运用建筑间隙空间和垂直交通结构，布置立体化的景观以获得全新的游憩体验（图7.41）。此模式对于老城社区更新具有一定创新性，但是还要在实施性和落地性上进一步推敲。

再如对样本7（碑林区政府门口绿地）的观察中，笔者发现由于基地周边四面临路且无适合行走的人行道规划，可达性欠佳，基地内基本以不可进入的绿化种植覆盖，唯一能停留的基础空间要不只有几张座椅，要不就成为政府宣传标语的装置处，对社区居民吸引力有限，已变成一个少人问津的消极空间。在改造中，最重要的出发点就是增强基地的开敞度和可达性，和周边地块建立良好连接，增加视线开阔的进入路径，在路径上设置各种居民所需服务设施和互动良好的景观游园，让场地真正发挥其"市民广场"的功用（表7.16）。

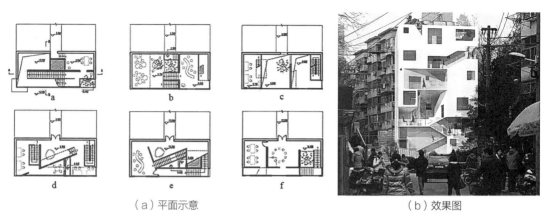

（a）平面示意　　　　　　　　　　（b）效果图

图7.41　住宅山墙面加入的"垂直切片"

资料来源：黄春华，姜彬，刘盛. "垂直切片"—高密度城市多层住宅区消极空间更新方法探究［J］. 湖南大学学报（社会科学版），2019（5）：155-160.

激活场所应用模式及改造意向　　　　　　　　表7.16

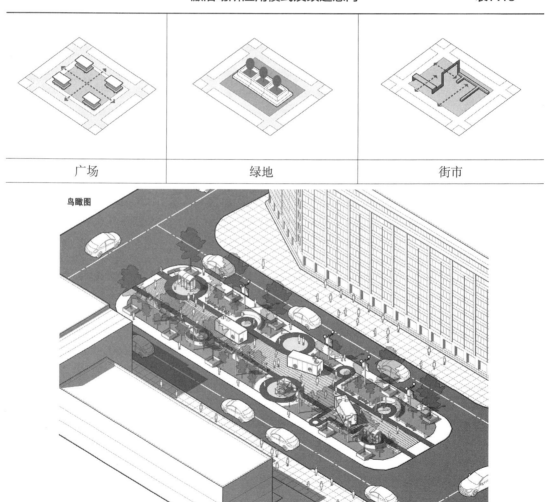

广场	绿地	街市

　　　　　　　　"人口—空间"双更替的西安老城社区公共空间设计模式

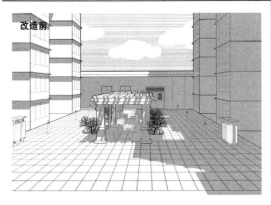

样本7改造意向

7.5 时空推演的多义性优化

社区公共空间本身就具有四维的时空属性，在时空变迁中呈现出诞生、生长、成熟、衰败的全过程。因此，在多义性优化过程中，需探讨老城社区公共空间在空间更替过程中如何适应社会和空间转型后的生活需求，如何既延续社区居民的集体记忆和人文传统，又通过时间编排提高空间使用能力，挖掘公共空间的潜在活力[195]。社区公共空间时空推演的多义性优化模式由增强全时使用、规划发展时序、循环生态使用三部分构成。

7.5.1 增强全时使用

1. 延续夜态使用

社区公共空间一般在夜间所发生的活动内容和活动属性不同于白天，因而夜间的功能设置、人流组织和开展方式与白天应有差异。调查中发现，由于现代人普遍工作压力较大，归家时间相对较晚，19：00—22：00是一天中城市休闲娱乐生活开展最为高峰的时间段，问卷中社区居民普遍渴望增加夜间的休闲娱乐类的活动内容和场地，使得夜间社区公共空间成为白日下班后紧张情绪的放松场所，有效增强社区的全时活跃度。因此，需探索增强西安老城社区夜间活力的优化途径（图7.42）。

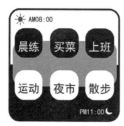

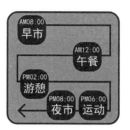

延续夜态使用　　　　平衡共时互动　　　　编排历时脉络

图7.42　增强全时使用模式图

首先，可以置入活化夜间经济的功能核，建立以公益性活动（文化展览、健身散步、演出赛事等）与商业性活动（酒吧餐饮、夜市购物等）相结合的夜间活动形式，逐步塑造独特的社区夜间文化。重点关注能提供人群互动空间的如社区广场、花园、绿地等场所的夜间使用率，留意活动人群在夜间的驻留目的与发生的交往活动（图7.42）。

其次，完善夜晚公共空间与居所之间的路径空间。一般来说，这个"工作单位—家"的路径最好能够与多处公共活动场所串联，完善公交系统与共享单车、步行线路的无缝对接，最好能穿越灯光明亮、人群热闹的地方，用"街道眼"的作用来保障归家安全。但是同时，还要注意的是"平衡24小时社区公共空间和居民安静生活权利之间的关系"，屏蔽噪声或灯光污染在夜晚对于居住空间的影响，妥善解决居住社区与夜晚活动空间之间的矛盾。

最后，也要注重加强老城区夜间基础设施与景观设施的有机结合，优化系统与布局。例如，近些年经常举办的实景灯光展演就很好地与使用者产生互动效应，还有像耐克运动公园在夜间也利用LED投屏技术，让科技手段对运动产生催化效应。在使用者的跑步过程中，LED屏幕上实时显示运动圈数、速度、路径，让使用者更好地掌握自己的运动状况，还可以在投屏中加入虚拟陪练者，激发了体育运动的参与乐趣（图7.43）。

2．平衡共时互动

从社区公共空间的共时性角度来看，是指在相对稳定的时间和空间中多功能的共场

图7.43　照明设施与景观设施的结合

并存，空间形态也会随之呈现出拼贴化与多样化的特质，是一种持续性过程中混合能力的考验。"历时"使用和"共时"使用区别在于，前者是一个要素对另一个要素的替代，是一种公共空间的时间推演；后者是同时要素间的关系，是一种公共空间的组织规律。

共时性的社区公共空间所研究的是相对时间内的空间平行秩序，要专注于稳态空间的作用力关系，应呈现的是当下各种人、地、物影响要素在稳定运行方式下的作用合力，使得场地活力持续、不断地加强。因此，在西安老城社区公共空间共时性优化需要首先客观准确地分析与判断"当时当刻"的主要影响因子（历史文化、日常行为、场所精神等），将不同地域、功能的同质要素并置在同一空间内，把异质要素进行转译化抽取，共同融入到既有社区公共空间中去，以空间结构组织的方式展现出来，形成一个室内外互补的公共集会点，探索如何通过平衡场地与环境、功能、文化、时间等共时要素的关系来加强现有公共空间的质量（图7.44）。因此，共时机制的要点在于向一个重要的公共空间引入了能量、趣味和自我身份辨识度，赋予场地不同的要素层级，在各种情况下让公共生活最大化。

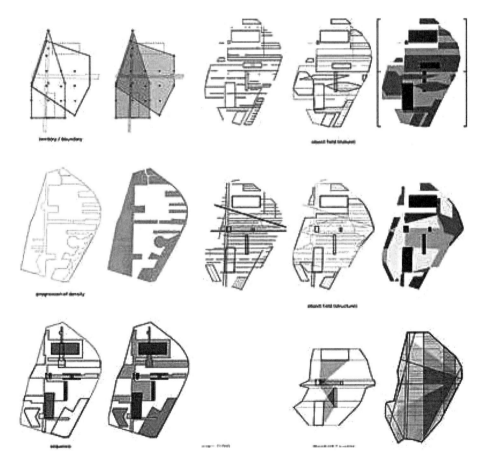

图7.44　库哈斯设计的拉维莱特公园的共时要素图解

3．编排历时脉络

对社区公共空间历时上的空间处理多表现为对空间使用的规划能力，也就是说，同一空间中。根据不同年龄段与不同使用偏好，可以制定出多种空间弹性使用的安排计划，以提高空间的使用率。这种利用时间线索的空间分配方法，有效避免了空间的闲置与浪费。因此，在西安老城社区内，需要在阶段性时间的发展过程中细致观察公共空间整体的变迁状况，分析自然、社会、经济等要素对公共空间整体的运行影响，尝试建立时间节点的考核机制，选择性地介入空间建设内容，加强事件编排来填充公共空间内的活动组织（图7.45），再通过场地建筑与景观改造，将不同时间维度的设计要素纳入到整个空间利用的过程中，依靠时间规律完成能量与信息的交换，从而调整社区公共空间自身的运行方式。

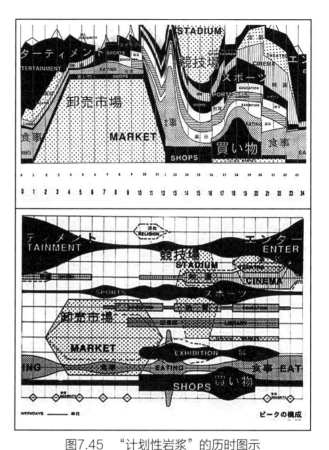

图7.45 "计划性岩浆"的历时图示

资料来源：王一，郑奋. 高密度环境下的城市公共空间建构——景观都市主义的策略与方法［J］. 南方建筑，15（10）：64-69.

在老城社区公共空间中，这种空间的历时性优化可将时间周期作为一个整体来进行阶段式划分，可以以日、周、月、年为划分标准，其控制力逐渐降低（图7.36）。例如在样本11（南柳巷市场），面对有限的场地规模、复杂的穿越交通和功能需求，可以以时间为轴线，根据不同年龄段人群主要使用时间和主要使用功能及停留位置进行了功能区块的划分，按早、中、晚和平日、周末使用编排出了时间表，在场地早、夜市售卖和餐饮服务的基础用途不变的情况下之上，开发出"即插即用"的全时段使用模式，通过同一空间的错时使用来达成对运动、电影、集会等新的功能支持，以提升各时间段内各类活动的弹性编排性和空间上的灵活高效性（表7.17）。

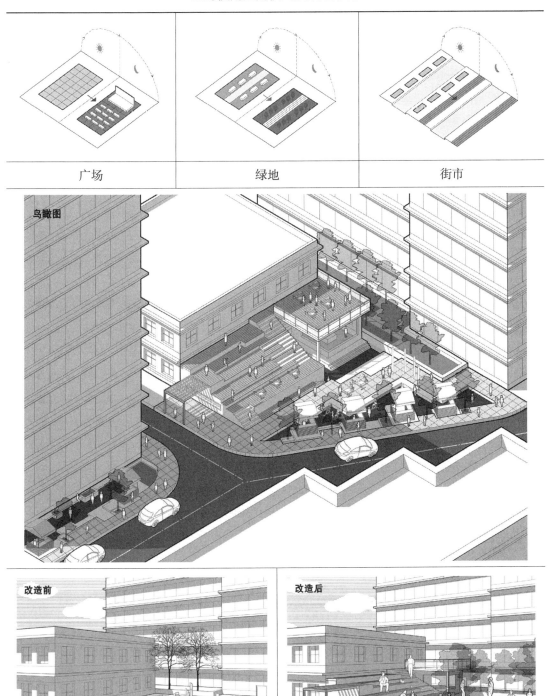

广场	绿地	街市

鸟瞰图

改造前

改造后

样本11改造意向

7.5.2 规划发展时序

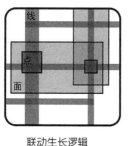
联动生长逻辑

预留冗余空间

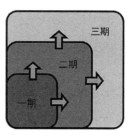
优化动态分期

图7.46 规划发展时序模式图

1. 联动生长逻辑

西安老城社区公共空间在其发展变化呈现出与城市整体的关联性的同时，也体现了一些时序性的特征，遵循着一定的生长规律，以一种空间的连续性和跳跃性增长方式交替出现，并形成反复变化。对于老城区来说，生长性的优化策略更强调在使用者、设计者和管理者共同协作下，利用社区公共空间内生性生长能力，对其进行有效活化，是创造可感知、有温度城市场所的重要手段。

社区公共空间的生长组织模式有以下三种：一是单点生长式；此类模式公共空间组织结构一般简单清晰，生长路径较为单一，通过重点构建单个生长点，例如公共建筑、服务设施、艺术装置等，以触媒形式激发活力与创造力。它最大的模式特点是点对点的，以一个点带动若干小微生长点，从而形成全区域的合理布点和具体空间的微创性改造。二是团状裂变式；老城社区公共空间组织结构多呈片状分布，所以可将整体社区公共职能模块作为母体介入，由此发散、演绎成不同功能形式的微空间组团。[196]在老城条件相对有限的情况下，植入相对合理的硬件设施，创造多点构成的社区共享客厅团块（比如社区广场也是居民的晾晒空间，藤架既可以养花养鱼也可以进行节日活动的展示）[197]，为居民生活提供必要的、共享的、集体性的生活空间（图7.47）。三是自由组合式这种模式使一系列公共空间如同细胞单元散布在老城社区中，形成若干个不同的空间组合。它的特点在于结构灵活变换、组织因地制宜，适用于分期发展的存量地块开发。对于这种模式，有建筑师提出"城上绿云"的设想（图7.48），利用模块复制的低技术建造手段，一方面改善老城内雨水管理能力，另一方面为居民增添绿色与友善的共享活动场所[198]，对于西安老城社区公共空间的借鉴性较强。

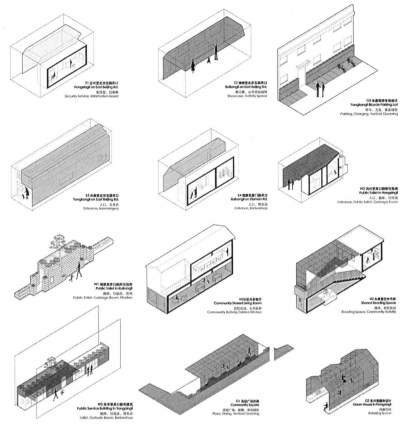

图7.47　12个点共同形成了社区共享客厅团块

资料来源：童明，黄潇颖，任广，梓耘斋建筑. 旧里新厅——南京东路街道贵州西里弄微更新，上海，中国［J］. 世界建筑，2019（1）：86-89.

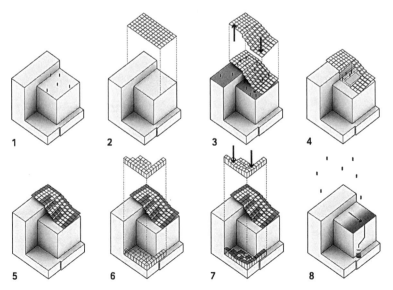

图7.48　"城上绿云"的自由组合模式

资料来源：筑博设计. 城上绿云，深圳［EB/OL］. 2018-10-11.

2．预留冗余空间

老城发展机制复杂多变，预制功能适应力不足的情况时有发生。因此，西安老城公共空间优化时在满足现阶段居民的日常需求下，应适当地为未来预留"白地"空间，一是为了保障公共空间在功能或规模出现严重缺失的时候不至于大拆大建，而是依靠自身预留用地来解决问题；二是通过在场地里设置冗余空间提供给使用者一个想象、创造、更多拓展的机会，让公共空间具有发生更多意想不到的可能。在提升空间的利用率的同时，让使用者表达出他们对不同空间的感受，从而引发出公共空间更多活动内容。

因此，多义性优化后的社区公共空间还应具有二次设计或多次设计的可能性。因此，在优化中可将老城内原有占满基地的部分建筑进行改建和拆除，在实体空间周边预留出"额外的公共空间"来吸引人流停驻，在室外产生更多灰空间和空地，尽量缩减实体的规模：例如厨房兼售卖空间，伸出的台阶可作为公共休息空间……（图7.49），通过这种减小建筑体量的方法来创造一种公共空间的深度[199]。这种空间上的减法不仅可以展示出街道中闲置空间的若干潜力，更能给那些希望在这里开设小商店、逛街、休憩的人们带去期待。因此，设计师通过细致、持续地观察居民在公共空间中的生活细节和使用需求，应不断纳入、剔除、修正公共空间各个设计层面。同时也要注意的是，设计师不可能去设计全部人的活动，社区公共空间应具备自我调节的能力，居民可以根据自己的喜好而灵活使用空间，并积极地参与到社区公共空间的公共事务建设中来，从而加强对社区环境的归属感和认同感。例如上海的创智农园就采取定点承包的方式使社区居民自愿认领种植任务、愉快地参与到务农工作之中，成为都市之中极具趣味性的"城市社区会客厅"。

图7.49　额外的公共空间示意

资料来源：Schemata Architects. Nakamata 日式糖果店［EB/OL］. 2020-02-18.

　　　　　　　"人口—空间"双更替的西安老城社区公共空间设计模式

3．优化动态周期

西安老城社区公共空间发展经历了多个发展阶段，在这些发展阶段中，应依据各阶段的目标与要求进行动态的适应与调整，使每一阶段之间联系衔接得更为密切。每一阶段的结果都应是边界完整、相对独立的，往往也成为推动下一阶段空间的基础，避免了整体计划断层的出现。因此，老城社区公共空间优化应强调对空间的全生命周期予以关注。一般来说，整体计划可以按照时间顺序来划定实施阶段和实施步骤，以现实发展状况为基础，依据整体方案的实施逻辑制定具体的实施条件和细节[200]（图7.50）。

按时序进行优化的社区公共空间应呈现出不断变化发展的"弹性"，这种动态的观点往往更加接近于城市的真实状况，既弹性地解决了公共空间的建设和资金分期筹措问题，又可以使公共空间在不同阶段发挥不同的作用，利用场地自身的潜力获得发展增值，创造更多的、不可预期的机会。例如样本3（群众艺术馆内场地）

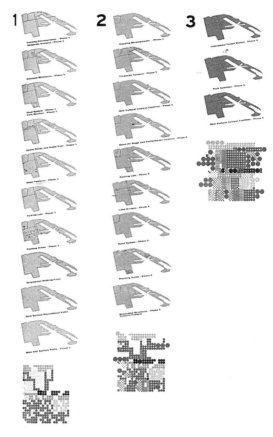

图7.50　当斯维尔公园的分期图式

资料来源：张健健. 从废弃军事基地到城市公园——多伦多当斯维尔公园设计及其启示［J］. 规划师，2006（3）：94-96.

的多义性优化既是一个社区公共空间的建设过程，也是对一个文化中心的恢复过程，更新中以"文化乐园"作为总体设计策略，从资源管理视角提出其发展的时间框架：第一阶段——改变场地目前文化剧场、艺术培训、社区物业与食堂等各自为政的局面，进行功能重组合和空间区域调整；第二阶段——打破原有场地内生性结构，引入立体交通步行系统，有条件的开放部分城市共享型的培训、展出功能，补充社区相关配套服务；第三阶段——对外进行功能的衍生拓展，由单纯的艺术馆转型为综合型的文化街区，并结合室内外进行时间、景观、服务设施等全天候社区公共空间的打造（表7.18）。因此，在未来的存量优化中，对过程的设计将变得越来越重要，这种优化过程既是一种空间规划又是一种管理决策过程，在其发展过程中出现的一系列转变也应在优化之初就被构想好，并经过精心安排。

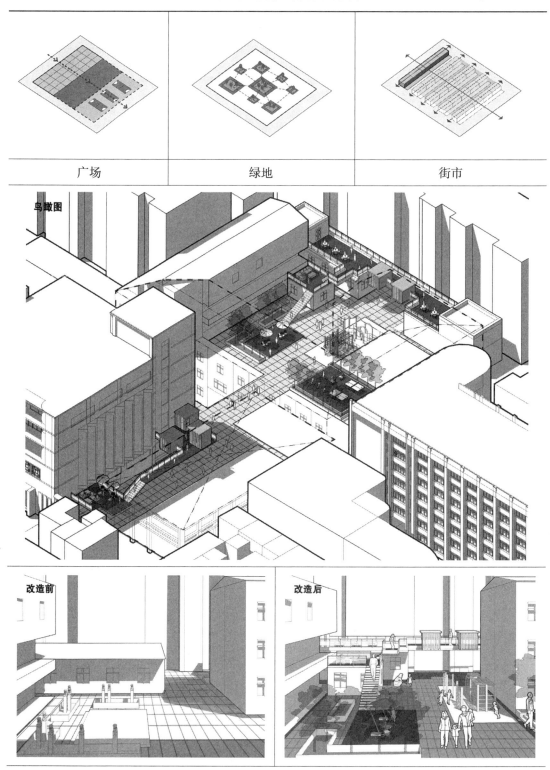

广场	绿地	街市

鸟瞰图

改造前

改造后

样本3改造意向

7.5.3 循环生态利用

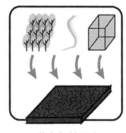

植入可变构件　　　　恢复韧性再生　　　　持续绿色技术

图7.51　循环生态利用模式图

1. 植入可变构件

可变性构件凭借着优良的可逆性能，对于构建节约型和可持续的西安老城公共空间发挥着不容小觑的作用。在老城区中应利用灵活动态的方法，探索公共空间再塑的可能性体系，在社区内实现时间和空间的动态性调配，做到资源共享、空间共享。

在进行空间的多义性优化时，可以通过布置具有一定自由度的装置或是界面，灵活方便地调整其位置、方向、状态等因素，以适应不同活动、功能的改变。例如植入简易的移动模块，进行基本的拼接与组合后就可以为社区带来丰富的公共空间。为了探寻城市社区公共空间环境与商业空间、办公空间、会面空间结合的更多可能性，可以将社区公共空间逐渐转变为快拆型公共空间。通过设备板块的拆分与围合，划分出多种组合形式的活动空间，注重与周边环境产生过渡和互动，灵活适应社区不同活动场地和场景的需要。再如可移动界面同样可以利用灵活多变的组合方式来满足老城社区公共空间不同时间段内众多使用者之间的平衡关系。像某串串店门头改造实验（图7.52），利用制作普通灯箱的方法焊接了五个框架，结合不同时段使用，分别用作固定的招牌和文化墙和可活动的"灯车"，组合起来演化出六种形态，以应对商户、食客、小区车辆、道路行人等不同的使用场景和使用需求[201]。这种可变构造改采用了极易获得的低成本材料和简单的营造方式，借助于精妙的设计形成可供不同情况下实现最利于店铺经营和对周边影响最小的改造方式。

2. 恢复韧性再生

作为开放的复杂系统，社区公共空间在发展中所面临的不确定性因素和未知风险也不断增加。在各种突如其来的自然和人为灾害面前，抗风险系统的脆弱性往往成为制约

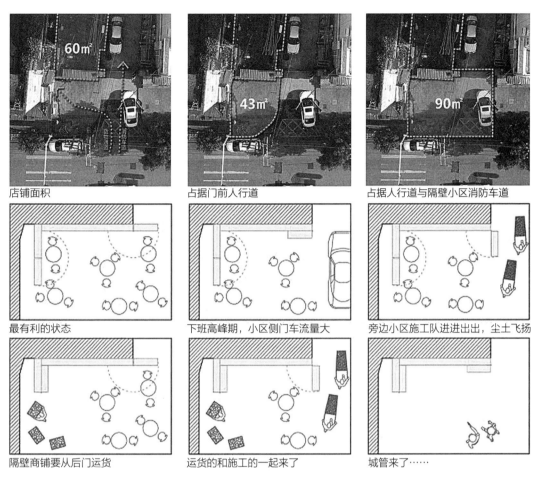

图7.52 应对不同需求的门头改造实践

资料来源：青·微舍工作室. 即兴占道，武汉［EB/OL］. 2018-07-26.

社区可持续发展的瓶颈[202]。使社区既有公共空间系统在"应对外来扰动时表现得更加坚强，在常态下表现得更有生机"[203-204]。

在优化中，应充分利用西安老城社区公共空间的可塑性和包容性，在空间布局的合理性方面，按生活圈服务半径对社区绿地、广场、空地等布点，鼓励户外空间的弹性使用和连通使用，保证公共空间周边建筑物的抗震防护性能，预备在灾时作为紧急和临时避难场所，并使多重疏散通道的存在成为可能，重视对于地下空间的维护，使之成为具有替代性和可利用价值的躲避和储备空间[205]；在基础设施的适应性方面，合理配置水、电、通信等应急设施，增强设施与社区居民的友好互动，将低影响开发和海绵城市理念融入各节点优化中，从提升社区公共空间可浸区比例、提升雨水滞留和收集净化能力方面着手，使用多样化的处理方式减少地面硬化率，选择不同渗透程度的铺装材料和铺装方式，通过雨水花园、人工湿地、下沉广场、屋顶绿化等形成立体化的雨水吸收和储存区域；同时，利用智慧技术支持，在公共空间为社区管理者及居民提供监测实况、预警发布和防灾指引等信息，充分动员社区力量，全民参与防灾工作，从而形成完善的社区公共空间韧性网络。

3．持续绿色技术

从公共空间的设计、改造、拆除到再生的整个生命周期会消耗大量资源和能源，必然造成巨大的环境负荷。所以，社区公共空间的各个阶段应充分考虑其资源循环、降低能耗、健康舒适等特性，有效利用绿色技术因地制宜的与公共空间功能、景观结合在一起。

结合生态绿色技术的西安老城社区公共空间多义性优化中，在充分尊重和利用原有自然生态系统的基础上，综合引入立体化和多维化的生态循环技术，缓解高强度土地开发对自然生态环境造成的破坏和冲击。在优化中，首先，需合理配置绿色景观布局层次和营造富有地域特色的景观绿化系统，植被栽植方面尽量以本土植物为主，模拟地形地貌，利用植物季相变化、群落演替展现出丰富的景观样态，对地面和墙面进行不同方式的高差处理以创造出丰富的种植厚度和立体化的绿化景观，给予使用者强烈的视觉体验的同时有助于节约能源和减少热量损失。其次，需有效构建综合生态效益的生态网络，利用雨水收集、中水灌溉、太阳能发电等技术将社区的绿化系统同城市水环境、生物环境等生境系统串联起来（图7.53），提高不同功能空间之间的联系，发挥最大的生态效益。最后，需强调绿色技术的可进入性和参与性，可以运用公共空间花台、迷宫、艺术装置、垂直绿化等构形手法改变现有场地的空间品质和使用方式，软质景观与硬质景

图7.53 景观水循环优化路径图示

资料来源：阿普贝思. 万科·雨水街坊［EB/OL］. 2018-07-27.

观相互结合，既能调节场地的小生态气候，又创造了多层次的交往场所。[206]例如样本7（粉巷街口绿地）就可以作为试点采用"雨水花园"模式来探讨西北地区社区公共空间缺水、污染的自然问题。优化中采用可持续绿色理念来综合解决海绵城市要求的景观营造，以趣味性造景的方式集中展示了雨水从下落、收集、滞留、净化、到下渗的全过程，[207]场地中的花园同时具备蓄排功能，既为植物生长提供必要的土层厚度和养护水分，安设的土层渗流覆盖物和溢流排水组织也降低整个循环系统的成本维护（表7.19）。因此，这种低影响、低成本的社区生态有机体的升级再造，为居民提供了享有密切接触绿色生态空间机会的同时，也增加场所的参与性和互动性。

生态利用应用模式及改造意向　　　　　　　　　　　　　　　　　表7.19

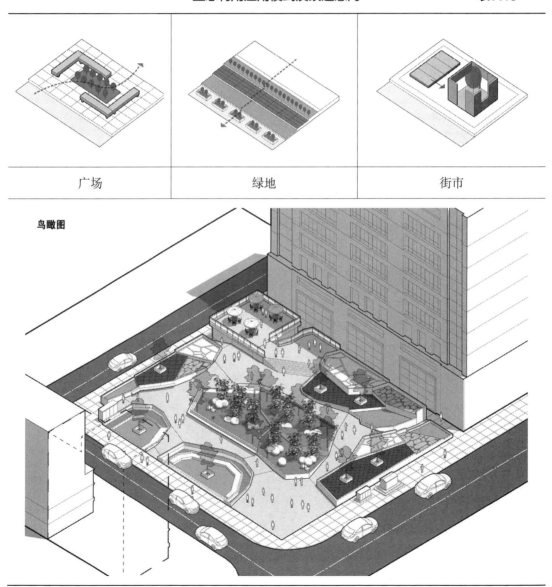

广场	绿地	街市

鸟瞰图

　　　　　　　　　　　　　"人口—空间"双更替的西安老城社区公共空间设计模式

样本7改造意向

7.6 本章小结

本章从功能组织、空间共构、形态弹性、时空推演等四个方面提出具有普适性、可操作性的老城社区公共空间多义性设计模式和优化实施策略。

功能组织多义性设计模式由完善功能构成、引导构链路径、拓扑衍生功能三部分构成。在对西安老城社区公共空间进行功能组织的优化中，应以促进功能混合为目标，在功能单元之间建立合理的弹性链条，分别对交往型、教育型、办公型、照护型、运动型等功能进行多义性拓扑研究，提升社区日常活动的舒适度和幸福感。

空间共构多义性设计模式由整合层级结构、选择多向兼容、促进空间复合三部分构成。在优化中，应从宏观到微观视角实现联动网络布局、织补区域服务、挖掘微型邻里的空间秩序；兼容水平层面、垂直层面交互的包容性和集约性，有效拓展空间使用效率和容量；强调空间基面交叠的立体融合模式和空间折叠模式，实现公共活动和公共空间的自由流动。

形态弹性多义性设计模式由采用中立标准、促进边界渗透、盘活闲置用地三部分构成。通过确定一个合理的模数和易于转换功能的量度标准都是可以使老城社区公共空间具有规则和韵律感，实现空间包容性和应变性；同时，通过对边界限定形式的优化，促进边界产生模糊效应，使"边界的墙壁"转化成边界面域，增大社区公共空间与城市的接触面；最后，强调激活老城社区中诸如边角空间、闲置用地等消极场所，对于解决土地破碎化问题和投资费用问题都具有实际的落地意义。

时空推演的多义性设计模式由增强全时使用、规划发展时序、循环生态使用三部分构成。本文提出通过建立时间节点的观察和考核机制，可以有效编排历时脉络、平衡共时互动、延续夜态使用，从而调整社区公共空间的活动内容和运行方式；同时对于城市整体发展中，联动生长逻辑也是重塑具有认同感的层次空间重要的手段，按照时间顺序来划定实施阶段和实施步骤，优化动态周期的同时预留冗余空间，平衡需求发展和空间建设的关系；最后，以构建资源节约型和环境友好型多义性空间发展目标，植入可变构件、持续绿色技术和恢复韧性再生等方式可以都可以有效实现时空的周期性调配和生态网络的重建。

"人口—空间"双更替的西安老城社区公共空间设计模式

参考文献

［1］许丽君，刘东方，Zheng Liang．百城提质导向下郑州市老旧小区更新整治初探——以郑州市中原区老旧小区为例［C］．2019（第十四届）城市发展与规划大会论文集．北京：中国城市出版社，2019：1554-1562．

［2］新华社．中共中央国务院关于进一步加强城市规划建设管理工作的若干意见［EB/OL］．［2016-02-21］．http://www.gov.cn/zhengce/2016-02/21/content_5044367.htm

［3］（荷）赫曼·赫茨伯格．建筑学教程：设计原理［M］．仲德昆译．天津：天津大学出版社，2000．

［4］李海乐．多义空间——空间适应性研究及设计策略［D］．重庆：重庆大学，2004．

［5］侯晓蕾．基于社区营造的公共空间微更新设计研究［J］．风景园林，2010（6）：8-12．

［6］Ray Oldenburg. The Great Good Place：Cafes, Coffee Shops, Community Centers, General Stores, Bars, Hangouts, and How They Get You through the Day［M］. New York：Paragon Books, 1989.

［7］Vikas Mehta. The Street：A Quintessential Social Public Space［M］. London：Routledge, 2013.

［8］王雪．基于社区资源公正配置理念下城市社区公共空间的构建研究：以西安西南郊电子与混合综合社会区域为例［D］．西安：西安外国语大学，2012．

［9］（挪威）诺伯格·舒尔茨．场所精神——迈向建筑现象学［M］．武汉：华中科技大学出版社，2010．

［10］（美）凯文·林奇．城市意象［M］．北京：华夏出版社，2017．

［11］（加）简·雅各布斯．美国大城市的死与生［M］．南京：译林出版社，2006．

［12］（美）C.亚历山大，H.奈斯，A.安尼诺．城市设计新理论［M］．北京：知识产权出版社，2002．

［13］Van den Hoek J. The MXI（Mixed use Index）. An Instrument for Antisprawl Policy［C］. 44th ISOCARP Congress, Dalian, China. 2008.

［14］Hillier B, Hanson J. The social logic of space［M］. Cambridge：Cambridge University Press, 1984.

［15］Handy L, Boarnet G, Ewing R, et al. How the built environment affects physical activity：views from urban planning［J］. American Journal of Preventive Medicine, 2002, 23（2）：64-73.

［16］刘华伟．场所功能的非变异性及变异性混合［J］．华中建筑，2010（9）：9-11．

［17］邢琰．政府对混合使用开发的引导行为［J］．规划师，2005（7）：76-79．

［18］钱林波．城市土地利用混合程度与居民出行空间分布——以南京主城为例［J］．现代城市研究，2000（6）：7-10．

［19］黄经南，杜宁睿，刘沛，韩笋生．住家周边土地混合度与家庭日常交通出行碳排放影响研究——

以武汉市为例［J］.国际城市规划，2013（4）：25–30.

［20］许靖涛，朱俊华，王进安.浅析国内外城市用地"混合使用"的规划引导［J］.规划师，2014
　　　（6）：66–71.

［21］周轶男，华晨.城市混合功能新区容积率控制研究——以杭州下沙沿江大道为例［J］.规划
　　　师，2011（11）：83–88.

［22］韩冬青.城市·建筑一体化设计［M］.南京：东南大学出版社，1999.

［23］钱才云，周扬.对复合型的城市公共空间与城市交通一体化设计方法的探讨［J］.建筑学报，
　　　2009（11）：59–64.

［24］吕小辉，李启，何泉.多维视角下城市公共空间弹性设计方法研究［J］.城市发展研究，2018
　　　（5）：59–64.

［25］李飞.住区公共空间规划机制及其弥补效能估算［J］.规划师，2016（7）：92–97.

［26］王一，郑奋.高密度环境下的城市公共空间建构——景观都市主义的策略与方法［J］.南方建
　　　筑，2015（10）：64–69.

［27］赵灵佳.共享城市背景下城市口袋公园弹性策略研究［J］.共享与品质——2018中国城市规划
　　　年会论文集，2018（11）：1360–136.

［28］赵衡宇.城市移民人居空间自组织机制下的"城中村"研究［D］.无锡：江南大学，2017.

［29］姚栋.大城市"原居安老"的空间措施研究［J］.城市发展研究，2015（4）：83–90.

［30］左进，孟蕾，李晨，邱爽.以年轻社群为导向的传统社区微更新行动规划研究［J］.城市发展
　　　研究，2018（2）：37–41.

［31］李和平，杨钦然.促进社会融合的中国低收入住区渐进式更新模式——"磁性社区"初探［J］.
　　　国际城市规划，2012（4）：99–94.

［32］陈立镜.城市日常公共空间理论及特质研究——以汉口原租界为例［M］.武汉：华中科技大学
　　　出版社，2018.

［33］何正强.社会网络视角下改造型社区公共空间有效性评价研究［D］.广州：华南理工大学，
　　　2014.

［34］吴莞姝，杨贵庆.小区居民日常出行特征及配套公共服务设施规划布局研究——基于无锡市小
　　　区的对比研究［J］.华中建筑，2015（6）：115–120.

［35］焦健.基于居民日常活动出行特征的社区公共服务设施布局研究——以西安市为例［D］.西安：
　　　西安建筑科技大学，2017.

［36］李晴.具有社会凝聚力导向的住区公共空间特性研究——以上海创智坊和曹杨一村为例［J］.
　　　城市规划学刊，2014（4）：88–97.

［37］卓健，孙源铎.社区共治视角下公共空间更新的现实困境与路径［J］.规划师，2019（2）：
　　　5–10.

"人口—空间"双更替的西安老城社区公共空间设计模式

［38］侯晓蕾，郭巍．社区微更新：北京老城公共空间的设计介入途径探讨［J］．风景园林，2018（4）：41-47.

［39］（德）斐迪南·滕尼斯．共同体与社会：纯粹社会学的基本概念［M］．林荣远译．北京：北京大学出版社，2010.

［40］荣玥芳，高春凤．城市社会学［M］．武汉：华中科技大学出版社，2012.

［41］夏建中．城市社会学［M］．北京：中国人民大学出版社，2010.

［42］谢芳．美国社区［M］．北京：中国社会出版社，2003.

［43］罗伯特·E.帕克．社会学导论［M］．北京：中国传媒大学出版社，2016.

［44］G.A. Hillery Jr. Definition of Community：Area of Agreement［J］．Rural Sociology, 1955（20）：19-20.

［45］（美）埃弗里特·M.罗吉斯著，拉伯尔·J.伯德格．乡村社会变迁［M］．王晓毅等译．杭州：浙江人民出版社，1998.

［46］（美）戴维·波谱诺．社会学（第十版）［M］．李强等译．北京：中国人民大学出版社，2005.

［47］（美）横山宁夫．社会学概论［M］．毛良鸿，朱阿根译．上海：上海译文出版社，1983.

［48］费孝通．社会学讲义［M］．上海：华东师范大学出版社，2019.

［49］王彦辉．走向新社区——城市居住社区整体营造理论与方法［M］．南京：东南大学出版社，2003.

［50］夏建忠．美国社区的理论与实践研究［M］．北京：中国社会出版社，2009.

［51］顾朝林，刘佳燕等．城市社会学（第二版）［M］．北京：清华大学出版社，2013.

［52］张雪伟．日常生活空间研究［D］．上海：同济大学，2007.

［53］金小丽．概念史视域下community概念的演化［J］．未来传播，2019（2）：102-108

［54］马纯静．城市分地段社区营造研究［D］．西安：长安大学，2008.

［55］夏建中．现代西方城市社区研究的主要理论与方法［J］．燕山大学学报（哲学社会科学版），2000（2）：1009-2692.

［56］李强．城市群中的社区邻里关系研究——以H市为例（多元城镇化与中国发展）［C］．北京：社会科学文献出版社，2013：257-282.

［57］黎熙元，陈福平．社区论辩：转型期中国城市社区的形态转变［J］．社会学研究，2008（3）：192-217.

［58］毛水榕．城市社区邻里关系——文献综述与研究设计［D］．广州：中山大学，2011.

［59］黎熙元，陈福平，童晓频．社区的转型与重构——中国城市基层社会的再整合［M］．北京：商务印书馆，2011.

［60］（英）安东尼·吉登斯著，菲利普·萨顿．社会学（第七版）［M］．赵旭东等译．北京：北京大学出版社，2015.

[61] 姜劲松. 对我国城市社区规划建设理论、方法和制度的思考 [J]. 城市规划汇刊, 2004（8）: 269-273.

[62] 程玉申. 中国城市社区发展研究 [M]. 上海: 华东师范大学出版社, 2002.

[63] 单联成. 城市社会公共性构筑研究——以中日社区居民自治为视角 [D]. 长春: 吉林大学, 2011.

[64] 刘建军. 单位中国——社会调控体系重构中的个人、组织与国家 [M]. 天津: 天津人民出版社, 2000.

[65] 庞国彧. 非政府组织介入城市社区规划的模式研究 [D]. 杭州: 浙江大学, 2017.

[66] 民政部. 中共中央办公厅、国务院办公厅关于转发《民政部关于在全国推进城市社区建设的意见》的通知 [J]. 中国民政, 2001（1）: 1-6.

[67] 黎熙元. 幸福宜居社区的建设之道 [N]. 21世纪经济报道, 2011-06-20（023）.

[68] 吴春. 大规模城改造过程中的社会空间重构——以北京市为例 [D]. 北京: 清华大学, 2010.

[69] 陈仕平, 龚任界. 哲学视野中公共性建构面临的危机及其化解 [J]. 华中科技大学学报（社会科学版）, 2014（4）: 24-29.

[70] 姜敏. 自组织理论视野下当代村落公共空间导控研究 [D]. 长沙: 湖南大学, 2015.

[71] 孔祥伟. 社区公共生活与公共空间的互动 [D]. 南京: 东南大学, 2005.

[72] 戴坚. 公共领域: 一种社会与国家关系的解读 [J]. 天津社会科学, 2008（7）: 58-61.

[73] 陈竹, 叶珉. 什么是真正的公共空间? ——西方城市公共空间理论与空间公共性的判定 [J]. 国际城市规划, 2009（3）: 44-49.

[74]（美）汉娜.阿伦特. 人的条件 [M]. 竺乾厥等译. 上海: 上海人民出版社, 1999.

[75]［德］哈贝马斯. 公共领域的结构转型 [M]. 曹卫东, 王晓珏, 刘北城, 宋伟杰译. 上海: 学林出版社, 1999.

[76] 赵双阁. 政治文明视阈下舆论监督法治建设研究 [D]. 武汉: 武汉大学, 2010.

[77] 宋立新. 基于公共空间价值建构的城市规划制度研究 [M]. 北京: 中国建筑工业出版社, 2016.

[78] 陈晓红, 何正强. 城市设计零度化与日常生活视角的回归 [J]. 华中建筑, 2014（6）: 22-25.

[79]（德）海德格尔. 存在与时间 [M]. 陈嘉映, 王庆节译. 北京: 生活.读书.新知三联书店, 2014.

[80]（法）亨利·列斐伏尔. 日常生活批判 [M]. 叶齐茂, 倪晓辉译. 北京: 社会科学文献出版社, 2018.

[81] 李昊. 物象与意义——社会转型期城市公共空间的价值建构（1978-2008）[D]. 西安: 西安建筑科技大学, 2011.

[82] 吴飞. "空间实践"与诗意的抵抗——解读米歇尔·德塞图的日常生活实践理论 [J]. 社会学研

究，2009（3）：177–199．

［83］衣俊卿．理性向生活世界的回归——20世纪哲学的一个重要转向［J］．中国社会科学，1994（2）：115–145．

［84］（匈牙利）阿格妮丝·赫勒．日常生活［M］．衣俊卿译．重庆：重庆出版社，2010．

［85］衣俊卿．现代化与日常生活批判——人自身现代化的文化透视日常生活批判［M］．北京：人民出版社，2005．

［86］（奥地利）阿尔弗雷德·舒茨．社会世界的意义构成［M］．游淙祺译．北京：商务印书馆，2012．

［87］李芳英．生活世界：在舒茨的视域中［J］．重庆邮电学院学报（社会科学版），2005（2）：202–205．

［88］（德）尤尔根·哈贝马斯．交往行为理论［M］．董卫东译．上海：上海人民出版社，2018．

［89］（法）米歇尔·德·塞托．日常生活实践［M］．方琳琳，黄春柳译．南京：南京大学出版社，2015．

［90］（英）安东尼·吉登斯．政治学、社会学与社会理论——经典理论与当代思潮的碰撞［M］．何雪松，赵方杜译．北京：人民出版社，2005．

［91］（法）费尔南·布罗代尔．15—18世纪的物质文明与资本主义（第一卷）［M］．成都：四川人民出版社，2018．

［92］（英）迈克·费瑟斯通．消费文化与后现代主义［M］．刘精明译．北京：译林出版社，2000．

［93］（法）让·鲍德里亚．消费社会［M］．刘成富，全志钢译．南京：南京大学出版社，2014．

［94］陈晓虹．日常生活视角下城复兴设计策略研究［D］．广州：华南理工大学，2014．

［95］孙全胜．列斐伏尔"空间生产"的理论形态研究［M］．北京：中国社会科学出版社，2017．

［96］（英）安东尼·吉登斯，（英）菲利普·萨顿．社会学［M］．赵旭东等译．北京：北京大学出版社，2015．

［97］吕小辉．"生活景观"视域下的城市公共空间研究［D］．西安：西安建筑科技大学，2011．

［98］索杰．第三空间——去往洛杉矶和其他真实和想象地方的旅程［M］．陆扬译．上海：上海教育出版社，2000．

［99］（美）沙朗·佐京．城市文化［M］．张廷佺，杨东霞，谈瀛洲译．上海：上海教育出版社，2000．

［100］（美）阿里·迈达尼普尔．城市空间设计—社会—空间过程的调查研究［M］．欧阳文，梁海燕，宋树旭译．中国建筑工业出版社，2009．

［101］肖彦，孙辉．如果城市并非树形——亚历山大与萨林加罗斯的城市设计复杂性理论研究［J］．建筑师，2013（12）：76–83．

［102］（美）C.亚历山大．建筑的永恒之道［M］．赵冰译．北京：专利文献出版社，2000．

［103］（美）凯文·林奇.城市形态［M］.北京：华夏出版社，2003.

［104］（日）芦原义信.外部空间设计［M］.尹培桐译.北京：中国建筑工业出版社，1988.

［105］Tibbalds F. Making People-friendly Towns：improving the public environment in towns and cities ［M］. Harlow Essex：Longman，1992.

［106］Carr S. Public Space［M］. Cambridge：Cambridge University Press，1992.

［107］AliMada-nipour. Design Of Urban Space：An Inquiry Into A Socio Spatial Process［M］. NewYork：John Wiley & Sons，1996.

［108］李德华.城市规划原理（第三版）［M］.北京：中国建筑工业出版社，2001.

［109］赵蔚.城市公共空间及其建设的控制与引导［D］.上海：同济大学，2000.

［110］（英）马修·卡莫纳等.城市设计的纬度［M］.冯江等译.南京：江苏科学技术出版社，2005.

［111］The American Planning Association.Characteristics and Guidelines of Great Public Spaces［M］. Washington：The American Planning Association，2015：3.

［112］邓世维.梅山地区文化遗产景区体验式景观设计研究［D］.长沙：湖南大学，2017.

［113］胡荣.符号互动论的方法论意义［J］.社会学研究.1989（2）：96-98.

［114］张凤阳.交错与冲突：现代性生成过程的文化社会学分析［D］.南京：南京大学，2002.

［115］民政部.中共中央办公厅、国务院办公厅关于转发《民政部关于在全国推进城市社区建设的意见》的通知［J］.中国民政，2001（1）：1-6.

［116］《西安历史述略》编辑组.西安历史述略（选刊连载五)[J].西北大学学报（哲学社会科学版），1978（3）：46-65.

［117］西安地方志编纂委员会.西安市志（第一卷·总类）［M］.西安：西安出版社，1996.

［118］宋元明清时期人口［EB/OL］.2015-04-2.http://www.doc88.com/p-6873249317407.html.

［119］任云英.近代西安城市空间结构演变研究（1840-1949)[D].西安：陕西师范大学，2005.

［120］王静.民国时期陇海铁路在关中地区城镇化过程中的作用［J］.黑龙江史志，2009（8）：38-39.

［121］张春丽.南京国民政府时期陕西社会救济研究［D］.西安：陕西师范大学，2014.

［122］王琳.人口的空间变动与城市空间结构的变迁——以西安市为例［J］.城市建设理论研究，2011（7）：2095-2104.

［123］吴慧敏，吴永发.我国居住分异现象演化过程及影响机制分析［J］.华中建筑，2010（3）：161-162.

［124］范新浩.城市社区公共空间的老龄化适宜性研究［D］.成都：西南交通大学，2013.

［125］张鸿雁.侵入与接替——城市社会结构变迁新论［M］.南京：东南大学出版社，2000.

［126］西安市地方志编纂委员会.西安市志——第二卷：城市基础设施.［M］.西安：西安出版

社，2003.

[127] 柏必成. 改革开放以来我国住房政策变迁的动力分析——以多源流理论为视角 [J]. 公共管理学报，2010（10）：76-85.

[128] 张杰. 基于资源共享视角下的住区开放性研究 [D]. 西安：西安建筑科技大学，2013.

[129] 伍学进. 城市社区公共空间宜居性研究 [D]. 武汉：华中师范大学，2010.

[130] 杨骏. 西安明城区空间形态维度之居住地块密度研究 [D]. 西安：西安建筑科技大学，2016.

[131] 吴嘉慧. 台湾公共空间活力与基于混合利用的活化策略研究 [D]. 广州：华南理工大学，2016.

[132] 吴燕芳，石培基，刘宁宁. 陇南山地土地利用结构动态演变分析 [J]. 水土保持研究，2010（12）：133-137.

[133] 黄毅. 城市混合功能建设研究——以上海为例 [D]. 上海：同济大学，2008.

[134] 周艳，金云峰，吴钰宾. 地方营造——重塑人地关系的上海存量老旧社区公共空间微更新 [C]. 2018年中国国风景园林学会论文集. 北京：中国建筑工业出版社，2019：65-69.

[135] 陈晓虹. 社区改造背景下适应我国社会关系特点的公共空间营造策略初探 [J]. 南方建筑，2014（5）：100-107.

[136] 邹颖，卞洪滨. 对中国城市居住小区模式的思考 [J]. 世界建筑，2000（5）：21-23.

[137] 赵衡宇，过伟敏. 流动性·主体性·时空实践——兼论城市移民非正规住居困境与出路 [J]. 建筑学报，2017（10）：106-11.

[138] 陆颖. 拆迁安置型社区公共空间治理困境及对策研究——基于无锡T社区的调查 [D]. 南京：南京理工大学，2018.

[139]（丹麦）扬·盖尔. 交往与空间 [M]. 何人可译. 北京：中国建筑工业出版社，2002.

[140] 龙俊睿. 基于人工神经网络模型的区域纵向紧密型医疗联合体绩效评估研究 [D]. 上海：中国人民解放军海军军医大学，2018.

[141] 万鲁河，刘伟红，侯丽华. 黑龙江省洪水灾害的孕灾因子组合效应分析 [J]. 哈尔滨师范大学自然科学学报，2002（6）：108-112.

[142] 支家强，赵靖，李楠. 基于人工神经网络法的绿色建筑评价 [J]. 城市环境与城市生态，2010（4）：44-47.

[143] 周文婷，孟琪. 运动员赛前心理调控的新策略——基于人工神经网络技术的比赛场地声景预测（综述）[J]. 哈尔滨体育学报，2015（6）：14-21.

[144] 孟琪. 基于人工神经网络技术的声景预测研究——以地下商业街为例 [J]. 新建筑，2014（5）：60-64.

[145] 杜秀敏，黄义雄，金蓉，刘诗苑. 厦门市景观格局的BP人工神经网络模型 [J]. 资源科学，2008（9）：1362-1366.

［146］飞思科技产品研发中心．神经网络理论与MATLAB7实现［M］．北京：电子工业出版社，
2005．

［147］钱超．高速公路ETC数据挖掘研究与应用［D］．西安：长安大学，2013．

［148］张楠．基于灰色系统理论的图书采购系统建模研究［D］．郑州：郑州大学，2017．

［149］王健，何卫平，李夏霜，郭改放．基于制造历史数据的产品标识失效预测与补救方法［J］．计
算机集成制造系统，2014（12）：2494–2503．

［150］李朝旗，李朝赞，刘沛．基于主成分分析的区域可持续发展能力评价——以江苏省为例［J］．
开发研究，2009（2）：64–67．

［151］苏为华．多指标综合评价理论与方法问题研究［D］．厦门：厦门大学，2000．

［152］机器学习——主成分分析PCA降维从初识到应用［EB/OL］．2018–04–10．．

［153］于菅．基于朴素贝叶斯的旅游网情感分类研究［J］．信息与电脑（理论版），2018（9）：50–51．

［154］单瑞琦．社区微更新视角下的公共空间挖潜——以德国柏林社区菜园的实施为例［J］．上海城
市规划，2017（10）：77–82．

［155］胡华．夜态城市——基于夜晚行为活动的城市空间研究［D］．天津：天津大学，2008．

［156］王烨，戴斯琪，鄢金明，牛强．武汉市公共空间发展趋势研究及规划思考——从公共空间到第
三空间［J］．共享与品质——2018中国城市规划年会论文集（07城市设计），2018（11）：747–
754．

［157］毛主．身体感知——高科技纤维材料对艺术创新与智能设计的影响［D］．杭州：中国美术大
学，2016．

［158］史南．购物空间多义性演变［D］．哈尔滨：哈尔滨工业大学，2014．

［159］刘家琨．本质赋形 西村·贝森大院［J］．室内设计与装修，2016（3）：108–115．

［160］刘经纬．基于多义空间理论的商住两用公寓研究［D］．徐州：中国矿业大学，2015．

［161］李再再．办公建筑交通空间多义性研究［D］．天津：天津大学，2012．

［162］赵衡宇．城市移民人居空间自组织机制下的"城中村"研究［D］．无锡：江南大学，2017．

［163］李兴钢，侯新觉，谭舟．"微缩北京"——大院胡同28号改造［J］．建筑学报，2018（7）：5–15．

［164］刘国强．我国消费者金融素养现状研究——基于2017年消费者金融素养问卷调查［J］．金融研
究，2018（3）：1–20．

［165］吴嘉慧．台湾公共空间活力与基于混合利用的活化策略研究［D］．广州：华南理工大学，
2016．

［166］冯静，甄峰，王晶．西方城市第三空间研究及其规划思考［J］．国际城市规划，2015（10）：
16–21．

［167］冯之煜，周武忠．第三空间对于人类未来居住模式的影响［J］．工业设计，2018（3）：12–14．

［168］赵璟涵．社区型联合办公空间设计研究［D］．上海：华东理工大学，2018．

［169］文森特，宋文迪，黄华青．光华路SOHO 3Q联合办公空间，北京．中国［J］．世界建筑，2018（3）：58-65.

［170］吴岩．重庆城市社区适老公共空间环境研究［D］．重庆：重庆大学，2015.

［171］姚栋，袁正，李凌枫．促进代际融合的社区公共服务设施——德国"多代屋"的经验［J］．世界建筑，2018（34）：31-34.

［172］张轲，张益凡．共生与更新 标准营造"微杂院"［J］．时代建筑，2016（4）：80-87.

［173］宋若尘，张宇，聂晨曦．基于老幼行为调研的严寒地区既有住区外环境微更新策略研究［J］．住区，2019（4）：108-115.

［174］宗轩，吴博文．从水泵房改造谈起——石泉路街道社区微更新实践随谈［J］．时代建筑，2017（2）：134-137.

［175］李凉，徐析．巴塞罗那交通基础设施的公共空间再生计划，1980-2014［J］．时代建筑，2015（9）：77-82.

［176］陈晓虹．日常生活视角下城复兴设计策略研究［D］．广州：华南理工大学，2014.

［177］侯晓蕾，郭巍．北京城公共空间的景观再生策略研究［J］．风景园林，2017（6）：42-48.

［178］王琪，钱芳．存量优化下高密度区公共空间补偿途径探讨——以香港为例［C］．共享与品质——2018中国城市规划年会论文集（07城市设计）．北京：中国建筑工业出版社，2018.

［179］田健，左进，苏薇，李晨，曾穗平．微更新理念下的城区存量空间活化策略与实践探索［C］．共享与品质——2018中国城市规划年会论文集（02城市更新）．北京：中国建筑工业出版社，2018.

［180］李萌．基于居民行为需求特征的"15分钟社区生活圈"规划对策研究［J］．城市规划学刊，2017（1）：111-118.

［181］汪原．零度化与日常都市主义策略［J］．新建筑，2009（6）：26-29.

［182］于守睿．基于青年交往需求的城区老旧高层住区公共空间优化设计研究［D］．北京：北京交通大学，2018.

［183］吴昊琪．迈向垂直社区［D］．重庆：重庆大学，2014.

［184］商谦．当代北京城地下空间研究［D］．北京：清华大学，2015.

［185］张泽宇．城市社区地下空间改造再利用研究——以北京安苑北里地瓜社区为例［J］．城市发展研究，2019（2）：51-56.

［186］周扬，钱云才．浅谈我国居住建筑的集约化发展——以北京"当代MOMA"社区规划设计为例［J］．四川建筑科学研究，2012（4）：220-224.

［187］BIG．BIG进入Axel Springer新媒体中心竞赛三强［EB/OL］．2013-12-13.

［188］王源．旧工业建筑改造再利用设计研究［D］．西安：西安建筑科技大学，2008.

［189］周元．独立式商场建筑设计研究［D］．重庆：重庆大学，2010.

[190] 袁野. 城市住区的边界问题研究 [D]. 清华大学, 2010.

[191] (美) 埃德蒙·N·培根. 城市设计 [M]. 黄富厢, 朱琪译. 北京: 中国建筑工业出版社, 2003.

[192] 蒋亚静, 吴璟, 倪方文. 从"边界"到"边界空间"——代官山集合住宅外部空间设计解析 [J]. 建筑与文化, 2019 (9): 211-213.

[193] 陈静, 纪丹雯, 肖扬, 沈洁. 生物多样性视角下城市闲置地的微更新探索——以临时社区花园为例 [J]. 中国园林, 2019 (12): 28-33.

[194] 徐科峰, 郭婕, 田华. 住宅区开放趋势下边缘空间功能创新的探索 [J]. 青岛理工大学学报, 2017 (10): 51-55.

[195] 黄瓴, 林森. 基于时间维度的城市街巷更新规划与设计——以重庆渝中区桂花园路为例 [J]. 城市建筑, 2016 (6): 49-52.

[196] 于辉, 白鸽, 隋昕芥, 肖嘉铭. 文化生态视域下旧城区微空间生长模式研究 [J]. 建筑与文化, 2018 (7): 73-74.

[197] 童明, 黄潇颖, 任广, 梓耘斋建筑. 旧里新厅——南京东路街道贵州西里弄微更新, 上海, 中国 [J]. 世界建筑, 2019 (1): 86-89.

[198] 筑博设计. 城上绿云, 深圳 [EB/OL]. 2018-10-11.

[199] Schemata Architects. Nakamata日式糖果店 [EB/OL]. 2020-02-18.

[200] 张健健. 从废弃军事基地到城市公园——多伦多当斯维尔公园设计及其启示 [J]. 规划师, 2006 (3): 94-96.

[201] 青·微舍工作室. 即兴占道, 武汉 [EB/OL]. 2018-07-26.

[202] 吴晓威, 张健. 韧性城市理论指导下的城市弹塑性震害模拟分析 [J]. 工程技术 (引文版), 2018 (1): 62-63.

[203] 王峤, 臧鑫宇, 夏成艳, 朱翰森. 基于韧性原则的社区步行景观设计策略——以天津梅江地区某社区规划为例 [J]. 风景园林, 2018 (11): 40-45.

[204] 邓雪湲, 干靓. 韧性理念下的高密度城区河流护岸带生态改造研究——以上海市"一江一河"岸线为例 [J]. 城市建筑, 2018 (11): 48-51.

[205] 申佳可. 基于韧性特征的居住区规划设计探讨 [J]. 住宅科技, 2016 (8): 11-16.

[206] 周亦珩. 宜居视角下老旧住区公共空间的生态优化设计 [D]. 南京: 东南大学, 2016

[207] 刘敬勇, 胡杰, 李思奋, 朱立波. 海绵城市理念在崇左骆越大道工程设计施工中的实践探索 [J]. 城市建设理论研究 (电子版), 2018 (7): 53-54.

注: 未提及来源的图表均为作者自制。